ADA

青岛里院视觉档案

ADA 研究中心
现代建筑研究所
世界聚落文化研究所

1

中国建筑工业出版社

顾　　问：王　昀

主　　编：张捍平　郭　婧

副 主 编：李学兵　赵冠男

编　　委：

黄　伋　贾　昊　刘　晶　李　喆

赵璞真　张发明　李兆颖　王　璐

序

青岛里院建筑是20世纪一二十年代开始，伴随着德国和日本殖民城市的发展而产生的一种住宅建筑形态。据不完全统计，目前现存的里院建筑大约有275个。其特征是围合式的院落形态，建筑本身是当时由德国、俄国、日本及中国的建筑师所设计。

里院建筑产生的背景是伴随着殖民地城市的迅速扩张而带来的人口迅速膨胀，为解决急速增加的人口的居住问题所采用的一种住宅布局形式。这样的一种围合式的院落布局形式令人不禁想起产生于19世纪后半叶位于法国埃纳省吉斯市的法米里斯泰尔集合住宅。记得那几栋住宅的产生是由当地工厂主巴蒂斯特·安德烈·果丹设计并兴建的，其目的是为当时迅速集结到城市的工人所设计的一种集合住宅。据说当时那几栋院落式住宅为1000人提供了300多套的住房。连续的三个围合的院落布局，以连廊彼此相连，且周边还配有剧场、学校和幼儿园。而住宅所围合的中间院落是居民集会和举行庆典的场所，同时由于中心院落的存在，也使得生活在其中的居民形成公共的心态，并使彼此之间的行为受到制约，进而也保证了整体秩序得以维持。如此这般以围合形成的里院式的布局，据说还源于傅立叶的一种乌托邦的建造思想，即通过这样的一种围合方式，为工人阶级形成一种合作社的组织形态。

这样的一种里院式的围合形态还不禁令人想起存在于中国福建一带，作为客家的典型居住形态——圆楼和方楼的围合式布局。尽管圆楼和方楼的围合式布局是为了维持一个家族生命共同体的生存，并使家族形成一个完整的合作形态。尽管已经在中国民间存在了几百年，却与几百年之后依据傅立叶思想所建造的法米里斯泰尔集合住宅有惊人的相似。在客家的方楼和圆楼里我们同样可以看到居民的整体的秩序。由住居所围合成的方楼和圆楼的中间部分也是整个居民们的一个公共的活动场所和公共设施的安置地。

福建的圆楼和方楼迄今为止已有几百年的历史，法米里斯泰尔集合住宅距今也有一百多年的历史，而接近百年历史存在的青岛里院建筑至今作为一种居住形态仍然服务着居民并保持其生命力的延续。在这里，我们看不到所谓东方和西方、传统和现代的巨大分歧，我们看到的只有为了解决生活问题所表现出的智慧与思想。

伴随着青岛城市新老建筑的加速更替，青岛里院建筑作为一种居住形态正在不断地被另外一种居住形态所替代。里院式的居住布局是否与我们这个时代的居住方式相适应，或者作为一种合作体或称之为共同体的一种居住形态，是否已经失去了存在的意义，我们在此姑且不去争论。但里院建筑作为一个曾经的时代的遗迹存留，在其即将退出历史舞台的前夜，将它记录下来的工作我们的确感到已经刻不容缓。

王　昀

2015年4月于ADA研究中心

第一辑 目 录

概 述

青岛的里院建筑是在青岛的城市当中伴随着中国近代史的发展而形成的一种特殊的建筑形式，这种建筑形式自德占时期开始形成，经历了日本侵占、国民党统治等不同时期的建设与发展，形成了现在青岛特有的具有殖民特色的居住形态。这种居住形态融合了东、西方建筑的特征，是构成青岛老城区城市肌理的重要组成元素，至今仍然有大量的居民生活在其中。但是，伴随着中国城市化进程的高速发展，现在里院建筑正在逐渐消失，对现存的里院建筑进行记录和研究成为势在必行的工作。为了记录青岛老城区这些不断消失的里院建筑及其构成的老城区的城市肌理特征，我们对里院建筑进行了实地考察和测绘。拍摄了大量的现状图片，力求通过影像留住城市建筑以及社会生活的记忆。

一、青岛民居的基本类型

从青岛民居的基本类型来看，居住的方式可分为四类。第一类是以单体为特征的独栋楼，其中分成两种居住方式，一种是一家独居的，另一种是两家居住在一起，楼上、楼下各住一家，类似于我们今天叠拼的居住方式。第二类是平民院，是建设在 20 世纪 30 年代左右，一批为照顾低收入者的住宅，房租低廉（据说当时每间月房租一元）。这种住宅的标准很低，一层带吊铺，前后还有一道墙分开，一个剖面上看到的是四户人家。房间间距只有 3 米宽左右。 第三类是棚户，是车夫、体力劳动者等底层劳动人民临时搭建的简易住宅，如挪庄。第四类是里院，简单来说，里院就是一种融合了中式四合院和西方商住式公寓的建筑风格的建筑样式。里院大多平行街道而建，由围合内向的院落空间组成，中心形成一个大院，2~3 层。里院对外封闭，一般只在沿街设一处或几处通道对外联系，因此里院内部院落对住户具有很好的安全性，增加了邻里交往的机会。

二、里院概念的界定

“里”在中国古代是居民聚居之处，在青岛通常指的是居民院。在《青岛市志 · 城市规划建筑志》中称之为周边式住宅。虽然现在人们习惯性地这样称呼这类建筑为里院，但实际上，“里”和“院”是出于不同目的而设计的两种建筑，“里”最初是倾向于为商住结合功能而设计的，而“院”则是倾向于居住功能而设计的，因为“里”和“院”在最初的功能考虑上的设计偏向不同，所以造成了他们的建筑形式上的差异。

从居住功能出发而产生的“院”，沿用了“里”的模式，一般情况下规模普遍要比“里”大得多，可内院的公共区域则相较要小，经常是由众多小院组成的多进的大套院，一个大的“院”群落，通常设置有三到四个主要的出入口，每个出入口处设置一个公用的自来水龙头，在每个小院内设置一个厕所，而房间设置则基本上跟“里”是一样的。我们这里所谈到的里院其实是对上述两种类型建筑的总称。

三、里院的类型

根据里院建筑的功能和布局可对里院建筑分为以下两种类型：

第一种是商住结合里院，一层为对外的商业店铺，二层为住宅，住宅需要从门洞进入院里，再通过楼梯进入，第二种是纯住宅功能的里院，一层没有对外的商业店铺，立面以开窗为主，一、二层住户房间都是朝院内的。

四、里院建筑的形成

青岛里院建筑，最早起源于 20 世纪初“大鲍岛”中国城内。1898 年德国对青岛进行最早的城市规划时，以观海山为界，将观海山以北的区域划为华人区，即为“大鲍岛”。观海山以南划为欧人区，华人不允许在欧人区内建造住居。所以大量的华人实际上是居住在被称为“大鲍岛”的中国城内，也正是在这样的一种历史条件下，为了解决人们的居住问题，建筑一方面借鉴了西方商住式公寓楼房的建筑特点，一方面融合了中国传统四合院式的建筑传统式样，所以产生了以围合形式作为基本形态的集聚的居住样式，而这样的一种居住样式即是本文中所研究的青岛旧城独特的居住建筑形式——里院建筑。

青岛里院建筑经历了不同时期的建设，形成了青岛特有的具有殖民特色的居住形态，是青岛老城区城市肌理的重要组成元素。青岛原有里院分五大片区：（1）云南路片区；（2）海关后片区；（3）西大森片区；（4）胶州路中心片区；（5）东镇片区。

改革开放后伴随着中国城市化进程的高速发展，青岛的里院建筑正在迅速地消失。2001 年辽宁路周边地区开始进行改造，日本侵占时期商住里院建筑街区被拆除。2006 年“青岛小港湾改造项目”正式启动，海关后的里院建筑被大面积拆除。这一区域的里院曾是青岛里院群落的一个重要区域，它曾是最大限度保留了里院建筑旧有生活状态的街区。随后西大森片区、东镇片区也遭到严重拆毁。2007 年的西部旧城改造计划中，云南路片区共改造 10 个街坊，大致范围为观城路以南、汶上路以北、寿张路以西、嘉祥路以东范围内的里院被拆除。2010 年青岛东西快速路的修建，导致李村路和北京路区域的里院被拆除。2012 年 12 月，中山路改造工程正式启动，改造的总体规划范围西至火车站、东至安徽路、北至快速路三期、南至海边，改造范围内的里院遭到了破坏。同年，潍县路、博山路、海泊路片区也列入改造范围，青岛里院仅存的较完整的里院片区——四方路里院片区也遭到威胁。

五、影响里院形成的相关因素

在里院形成的过程当中，伴随着城市的发展，有四个方面的要素对里院建筑有着最为直接的影响：地理位置及气候条件；城市中的人口规模；居住人口的相关文化背景；以及当时所确立的建筑法规。我们将分别从地理位置与气候条件、人口规模、相关文化背景、建筑法规这四个方面对影响里院发展的相关要素进行论述。

六、影响里院形成的地理位置及气候条件

青岛市地处山东省的西南端，东经 119°30′~121°00′，北纬 35°35′~37°09′。地理及气候条件对里院建筑的布局的影响，主要表现在建筑朝向和门窗开洞方面。里院建筑通常坐北朝南，北侧立面开窗尺寸通常较小，从而避免冬季西北方向的寒冷气流，院落的设置则有利于夏季通风纳凉。

青岛是滨海丘陵地貌，地势东高西低，里院建筑多顺应地势进行建造，由于道路坡度较大，往往出现锐角的街角空间，所以在里院的总平面布局当中，可以看到很多利用自然的地形所形成的锐角空间和异形空间。同时在里院建筑当中，由于高差变化较大，造成空间上的错层，可以看到很多巧妙利用地形的实例，比如覆土、错层等手法的运用，规模最大的里院广兴里就是利用地形特点采用错层的方式处理道路和建筑的关系。所以这样的两种因素对于里院建筑的空间形态和布局朝向产生了较大的影响。

七、人口规模要素对里院建筑的影响

青岛里院建设的高峰主要有两个时期，都是以人口的聚集增长为时代背景的。第一个时期是 1897 年德国侵占青岛时期，城市的建设和交通运输业蓬勃发展，青岛市区的华人人口达到 1.4 万。1900 年德国对青岛进行城市总体规划，规划实行欧华分区制，土地强行买断和村庄迁移政策造成了大量的华人聚集在“大鲍岛”中国城内，对于可以满足大量人口居住的高密度的住宅形式的需求，成为了里院最初建设的人口和时代背景。

第二个时期是日本第一次侵占时期（1914~1922 年），大量日本人迁居青岛。据历史记载，1918 年 7.88 万人，1922 年到达 15 万人之多。这一时期里院的建造活动主要集中在辽宁路、聊城路和胶州路一带。无棣一路到无棣四路之间形成了以里院式住宅为主的居住区，观象山小住宅区内也有少量的里院式住宅在这一时期兴建。

到 1937 年日本第二次侵占时期，伴随战争城市人口锐减到 38.1 万，比 1936 年减少 19 万人，青岛里院的建设也几乎停滞。

里院的大体规模形成于 1922 年之前， 1933 年青岛社会局曾做过统计，当

时全市共有 506 个里院，房间 16701 间，住户 10669 家。多为一户一间，部分是一户两间。里以一门一窗为一间，约 18 平方米一间。1948 年，达到 760 个里院。另外根据 1980 年青岛建筑普查统计结果显示当时“里”的数量达到近 600 个，“院”的数量达到近 200 个。

八、里院建设同期的建筑法规对里院建筑的影响

1898 年 10 月 11 日，德国当局颁行《胶澳总督辖区城市设施建设临时管理条例》对建筑样式、密度与容积率作了明确规定，所以里院建筑必须按照法规执行建造。

法规规定建筑物的高度不得超过 18 米，层数在 3 层以下，建筑占地面积不超过宅基地面积的 2/3，相邻房屋距离大于等于 3 米，开窗墙面间距至少是 4 米，并且市区内不允许办工业，所以构成了目前里院建筑多为 2~3 层的建筑高度。

《建筑监督警察条例》作出的相关规定是：①建筑须满足卫生、交通、强度和防火要求；②建筑物的外观设计要与其在“相关城市部分的特点”相匹配；③同一条路上不得建造同一样式的建筑；④在“欧洲人城区”的商业区内建筑要按照欧洲统一的风格设计，不允许建筑中式房屋，建筑面积比例最大不得超过 60%；⑤别墅区建设“乡村农舍风格的建筑”，最大建筑面积比例不得超过 40%，并为绿化面积所包围，高度不超过两层”。同时，为了避免住房过于拥挤，确保房屋建筑样式，对于申请盖房的人，在盖房前必须出示详细的房屋图纸，报请青岛工务局批准。建筑计划如果违反建筑规章制度，或采用材料质量达不到标准，当局有权勒令停建。

九、对青岛里院现存情况的影像记录

自 2013 年 3 月起我们对里院建筑进行了数次调查，过程中重点地对里院进行了图像记录和入户采访。在现场实地踏勘过程中，首先记录的是里院建筑的外围沿街立面；并对里院建筑特有空间的细部，如入口门洞、窗户的形式、建筑节点、楼梯的栏杆等。本次出版的这一套三辑的《青岛里院视觉档案》是这几次调研的视觉资料汇编，由于篇幅有限，只能从大量的图片中选取部分内容，供研究者参考。

参考资料：
学位论文《青岛里院建筑空间构成的研究》郭婧

青岛里院视觉档案

1. 滨县路 2 号

滨县路 2 号位于滨县路南侧，占地面积 195 平方米，层高为两层，是一个矩形的院落。立面为灰色，里院主体采用砖混结构。

在滨县路上看滨县路 2 号的南立面

站在滨县路 2 号院内西侧由北向南看

滨县路 2 号院内西侧室外楼梯

2. 滨县路 8 号

滨县路 8 号位于滨县路与顺兴路交接处，占地面积 240 平方米，层高为两层，是一个矩形的院落。立面为白色，里院主体采用砖混结构。

站在滨县路 8 号院内南侧楼梯上由南向北看进入院内的入口

站在滨县路与顺兴路交叉口处看滨县路 8 号西北侧外立面

站在滨县路 8 号院内东侧由东向西看

3. 滨县路 22 号

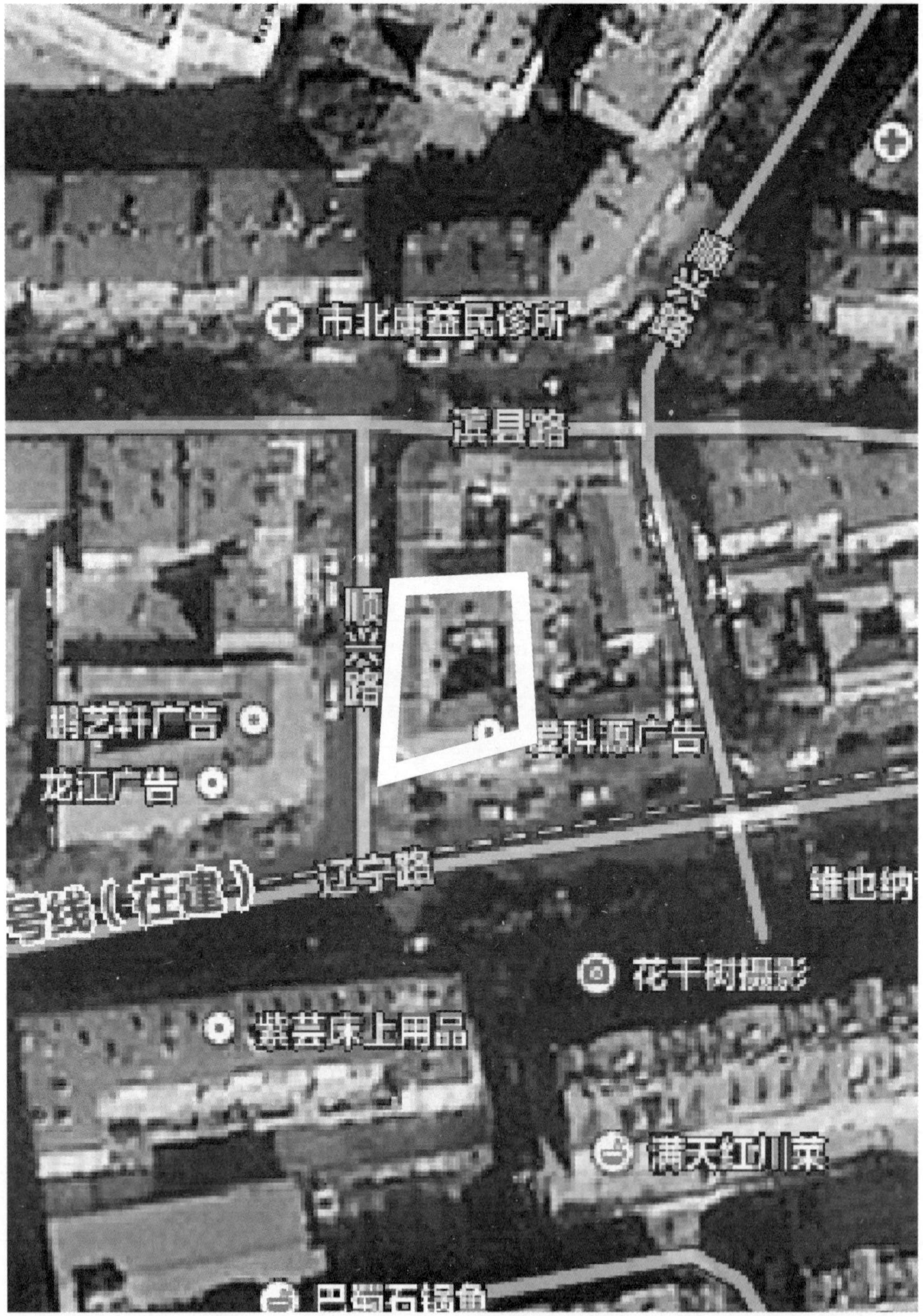

滨县路 22 号位于顺兴路东侧，辽宁路北侧，占地面积 255 平方米，层高为两层，是一个矩形的院落。立面为白色，里院主体采用砖混结构。

站在顺兴路上由西向东看滨县路 22 号西外立面

站在顺兴路上由西向东看滨县路 22 号西外立面

滨县路 22 号院内东侧墙上烟囱

站在滨县路 22 号院内东侧二层外廊上由东向西看

站在滨县路 22 号院内西侧由西向东看

站在滨县路 22 号院内西侧二层外廊上由西向东看

站在滨县路 22 号院内南侧二层外廊上由南向北看

4. 滨县路 30 号

滨县路 30 号位于顺兴路西侧，辽宁路北侧，占地面积 640 平方米，层高为两层，是一个狭长的矩形院落。立面为灰色，红色瓦屋面，木质外廊，里院主体采用砖混结构。

站在滨县路 30 号院内西侧由西向东看

站在滨县路 30 号院内东侧楼梯休息平台上由东向西看

滨县路 30 号院内西侧室外楼梯

站在滨县路 30 号院内北侧二层外廊上由北向南看

滨县路 30 号北外立面上的烟囱

站在滨县路 30 号院内北侧空场地上看滨县路 30 号北外立面

5. 辽宁路 15 号

辽宁路 15 号位于辽宁路北侧，占地面积 255 平方米，层高为两层，是一个矩形院落。外立面为米黄色，红色瓦屋面，里院主体采用砖混结构。

站在辽宁路 15 号院内东侧二层外廊上由东向西看

站在辽宁路 15 号院内北侧由北向南看

站在辽宁路 15 号院内西侧二层外廊上由西向东看

站在辽宁路上由南向北看辽宁路 15 号南外立面

6. 辽宁路 21 号

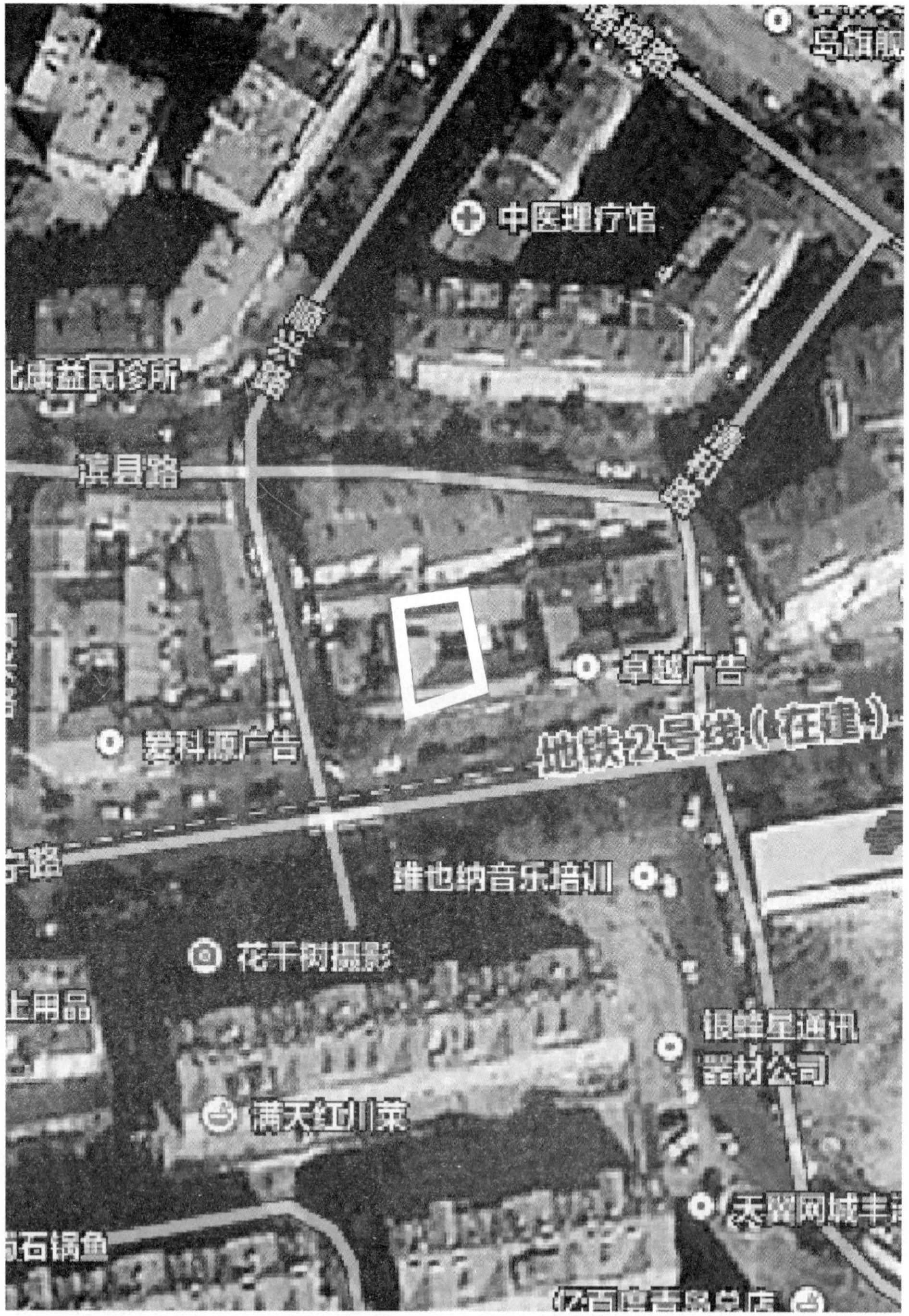

辽宁路 21 号位于辽宁路北侧，占地面积 110 平方米，层高为两层，是一个矩形院落。外立面为白色粉刷，红色瓦屋面，里院主体采用砖混结构。

站在辽宁路 21 号院内南侧二层外廊上由北向南俯瞰

站在辽宁路 21 号院内南侧由南向北看

站在辽宁路 21 号院内西侧由西向东看室外楼梯

7. 乐陵路 104 号

乐陵路 21 号位于乐陵路西侧，占地面积 1296 平方米，层高为两层，是由多个院子组成。外立面为白色粉刷，红色瓦屋面，里院主体采用砖混结构。

站在乐陵路 104 号院内北侧由北向南看

站在乐陵路 104 号院内东侧二层外廊上由东向西看

乐陵路 104 号院内南侧室外楼梯

8. 临淄路 72 号

临淄路 72 号位于临淄路南侧，占地面积 750 平方米，是一个近似平行四边形的院落。立面为灰白色，材质为水泥抹灰、涂料，内部走廊采用水泥砌筑结构，里院主体采用砖混结构。

从周村路与临淄路的交汇处看向临淄路 72 号西北角

站在临淄路 72 号院内南侧二层外廊上由南向北看

临淄路 72 号院内三层走廊

9. 周村路 50 号

周村路 50 号位于周村路西侧，占地面积 540 平方米，是一个近似矩形的院落。立面为灰白色和土黄色，材质为石材，水泥抹灰，内部走廊采用水泥与木质结构，里院主体采用砖混结构。

站在周村路 50 号东侧二层外廊上由东向西看

站在周村路 50 号西侧二层楼梯上由西向东看

站在周村路 50 号南侧三层外廊上由东向西看

10. 周村路 54 号

周村路 54 号位于周村路西侧，占地面积 504 平方米，是一个平行四边形的院落。立面为灰白色和土黄色，材质为石材，水泥抹灰，内部走廊采用木质结构，里院主体采用砖混结构。

站在周村路 54 号院内由南向北看

站在院内西北侧二层外廊向西北看

站在周村路 54 号院内由西向东看

站在周村路 54 号院内东侧二层外廊上由东向西看

站在周村路 54 号院内北侧二层外廊上由北向南看

11. 周村路 62 号

周村路 62 位于周村路西侧，占地面积 945 平方米，是一个平行四边形的院落。立面为灰白色和土黄色，材质为石材，水泥抹灰，内部走廊采用木质结构，里院主体采用砖混结构。

站在周村路 62 号院内由西南向东北角看

站在东侧二层外廊上由东向西看

站在周村路 62 号院内由南向北看

站在周村路 62 号北侧二层外廊上由北向南看

站在周村路 62 号西南角二层楼梯上由西南向东北方向看

站在周村路 62 号北侧楼梯上由北向南看

站周村路 62 号院内南侧室外楼梯上由南向北看

站在周村路 62 号院内由西向东看

站在周村路 62 号北侧二楼由北向南看

12. 铁山路 61 号

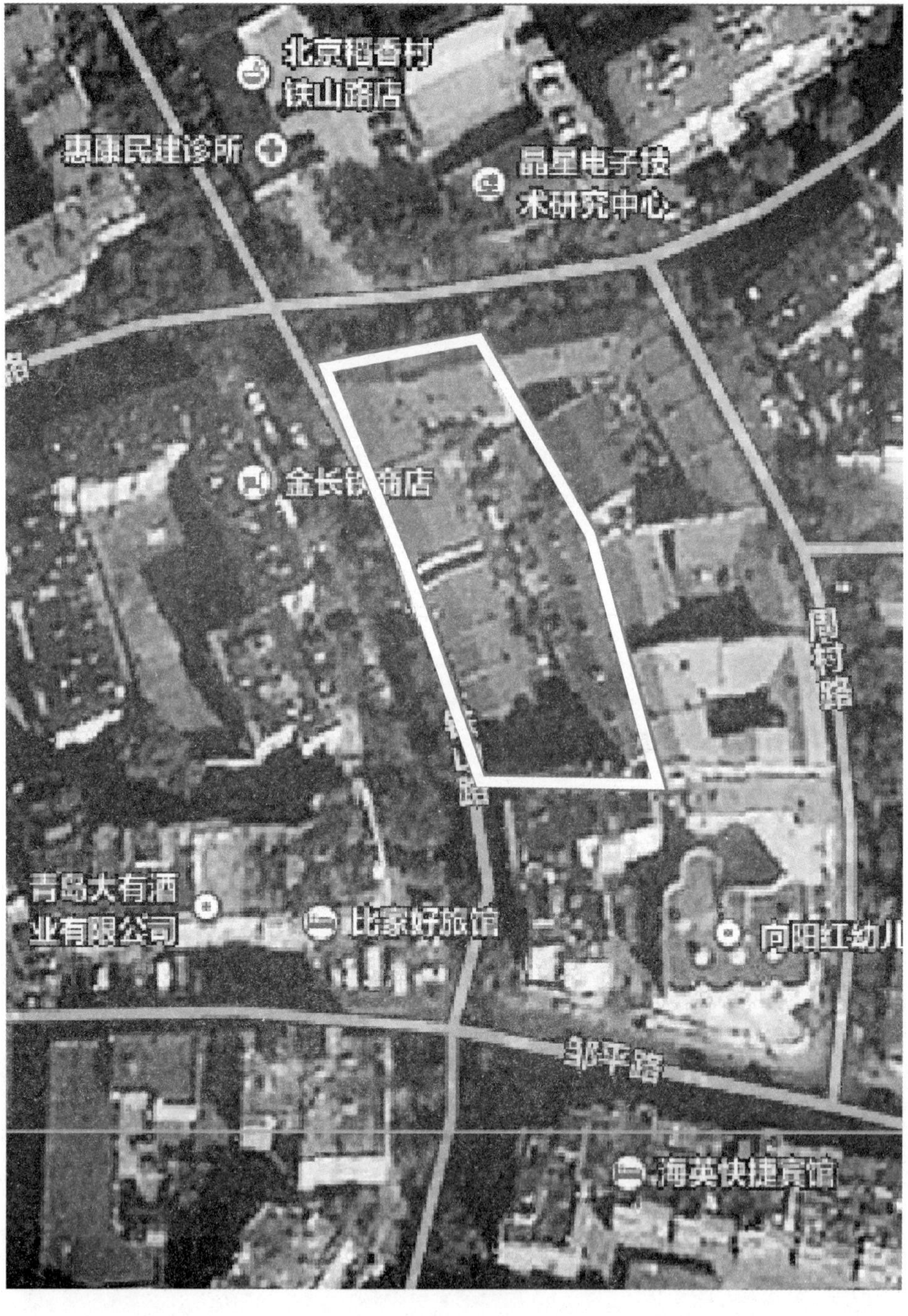

铁山路 61 号位于铁山路东侧，占地面积约 1600 平方米，是一个近似矩形的院落。立面为灰色，内部走廊采用木质结构，里院主体采用砖混结构。

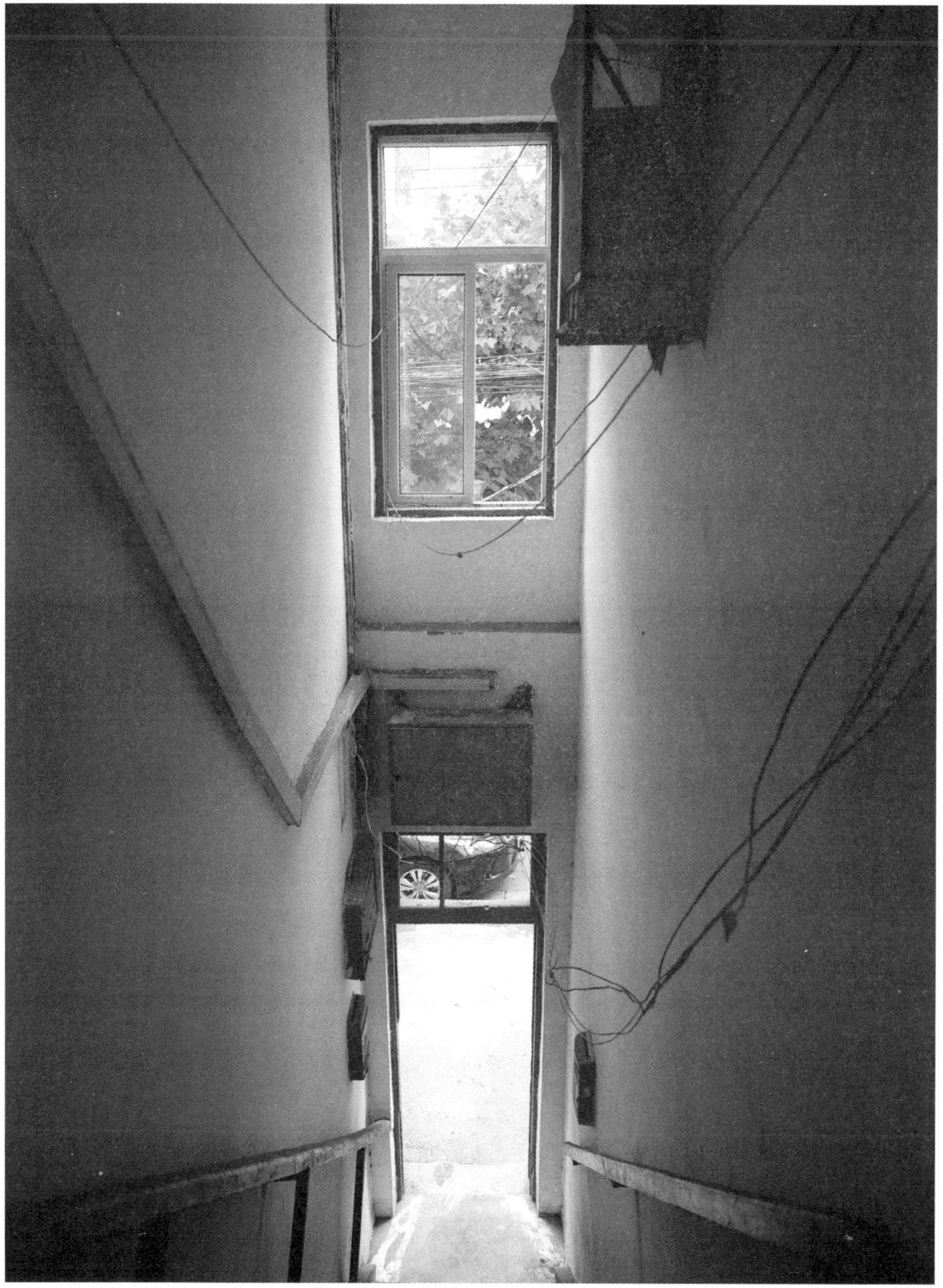

铁山路 61 号东侧入口

站在铁山路与长山路口交汇口看铁山路 61 号西北角

站在铁山路 61 号南侧三层由南向北看

13. 青城路 3 号

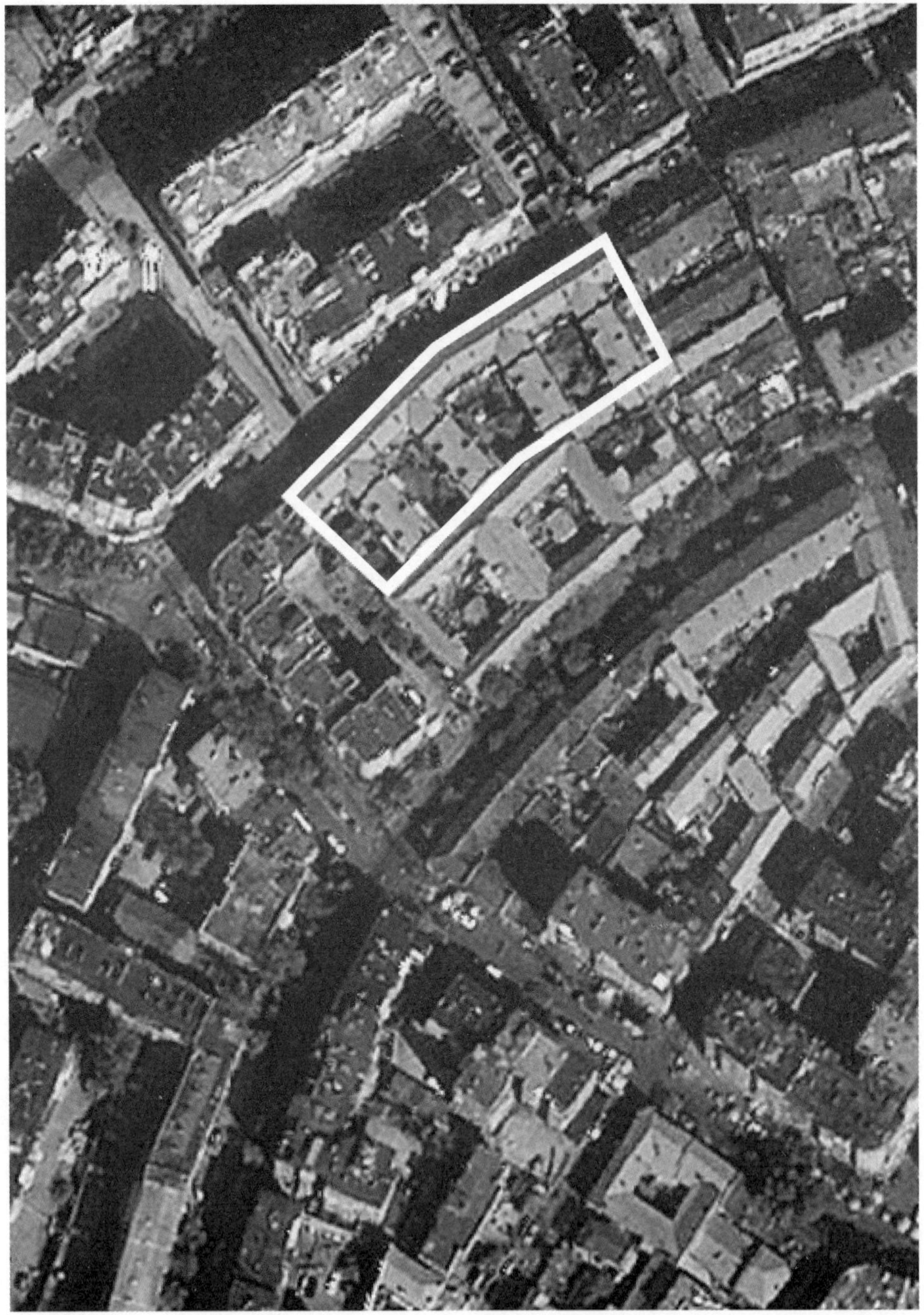

青城路 3 号位于青城路南侧，占地面积 2075 平方米，是一个近似矩形的院落。立面为土黄色，材质为水泥抹灰，内部走廊采用水泥砌筑结构，里院主体采用砖混结构。自西向东依次标记为 1 号院、2 号院、3 号院、4 号院。

在 3 号院内从西北侧二层看向东南

在 4 号院内从西北侧三层看向东南

从青城路向东南看向入口

4 号院西北入口处看向东南方向

3 号院内屋顶烟囱

2 号院内西侧楼梯

站 3 号院内正中向西南看

院内东北侧楼梯间内看向西南方向

2 号院西南侧二层外廊看向东南方向

4 号院东北侧楼梯间

14. 长山路 13 号

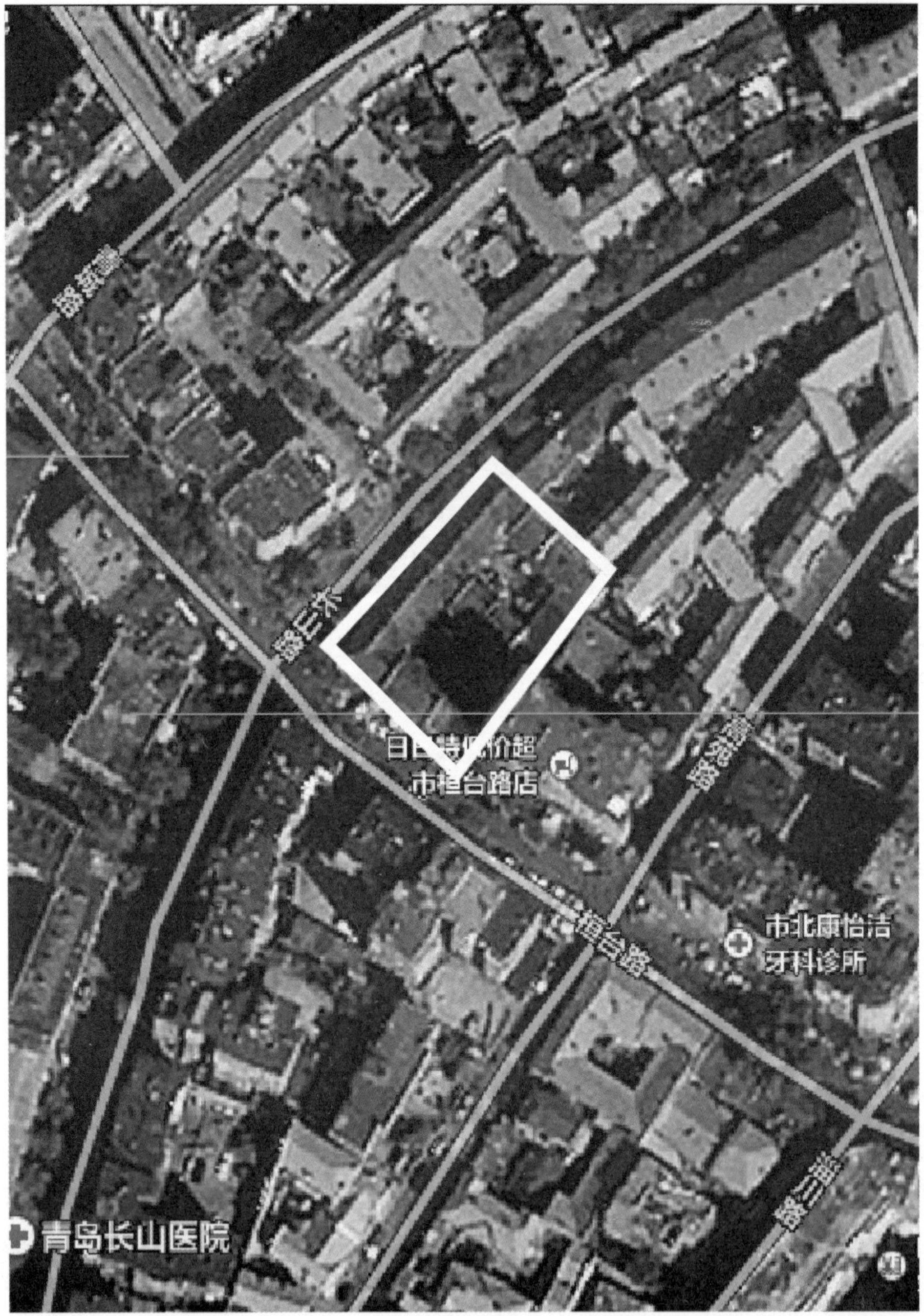

长山路 13 号位于长山路南侧，占地面积 1075 平方米，是一个近似矩形的院落。立面为土黄色，材质为水泥抹灰，内部走廊采用水泥与木质结构，里院主体采用砖混结构。

站在长山 路 13 号东北侧二层外廊上由东北向西南看向院内

站在长山路 13 号院内北侧由西北向东南看

站在长山路 13 号院内北侧由南向北看

站在院内西北侧二层外廊向东南看向院内

站在院内由东北向西南看

站在院内由西北向东南看

站在院内由西北向东南看院内楼梯

站在长山路 13 号西北侧二层外廊上由西北向东南看

15. 长山路 16 号

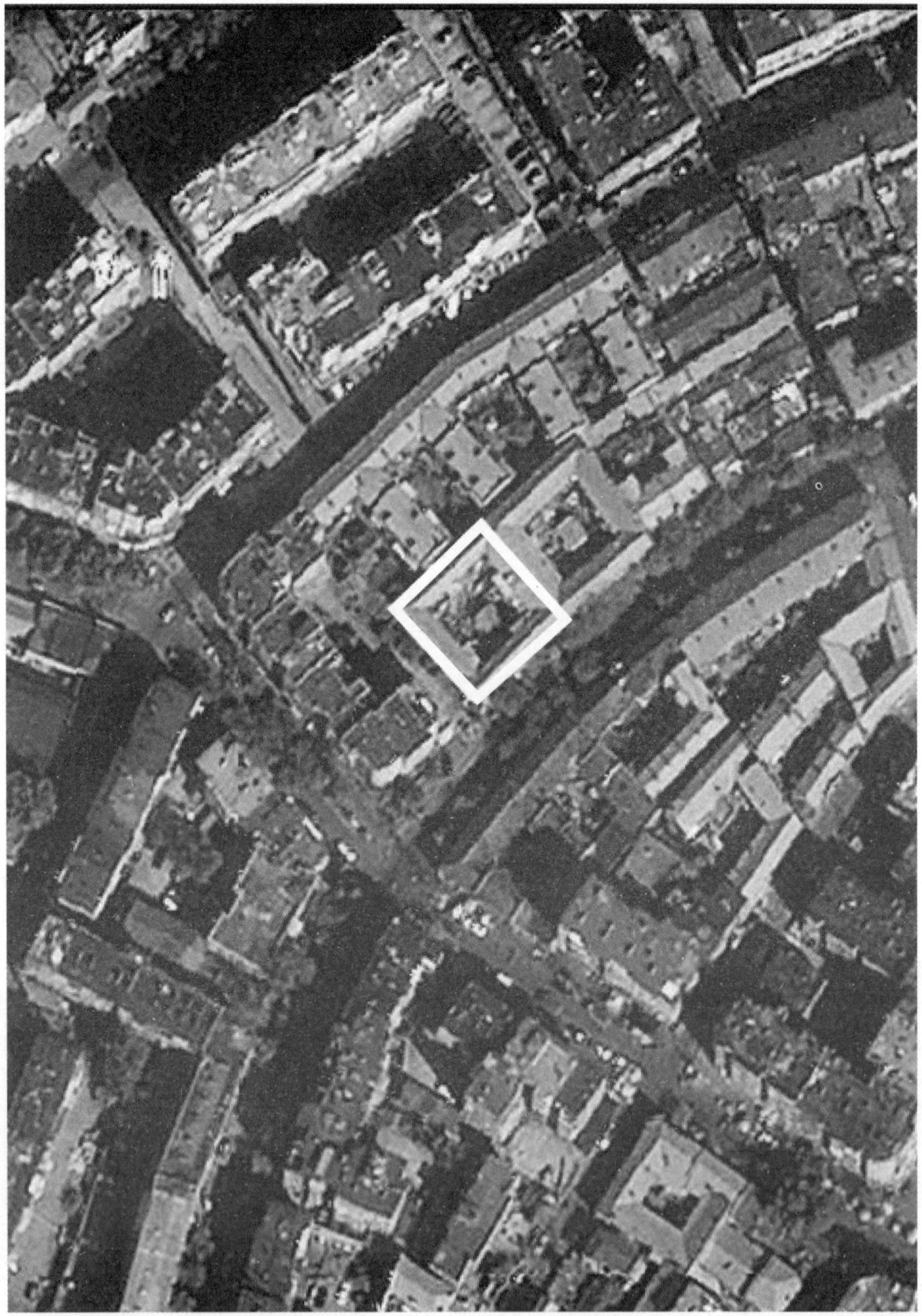

长山路 16 号位于长山路北侧，占地面积 528 平方米，是一个矩形的院落。立面为土黄色，材质为水泥抹灰，内部走廊采用水泥结构，里院主体采用砖混结构。

站在长山路 16 号院内南侧二层外廊上由南向北看

站在长山路 16 号院内南侧二层外廊上由南向北看

站在长山路 16 号院内南侧二层外廊上由南向北看

站在长山路 16 号院二层外廊上由东向西看

院内东侧楼梯下方一层加建

院内东侧楼梯下方一层加建

站在长山路 16 号院内二层外廊西南角由西南向东北看

站在院内由西向东看楼梯

站在长山路上由南向北看入口

站在长山路 16 号院内西侧二层外廊上由西向东看

16. 长山路 17 号

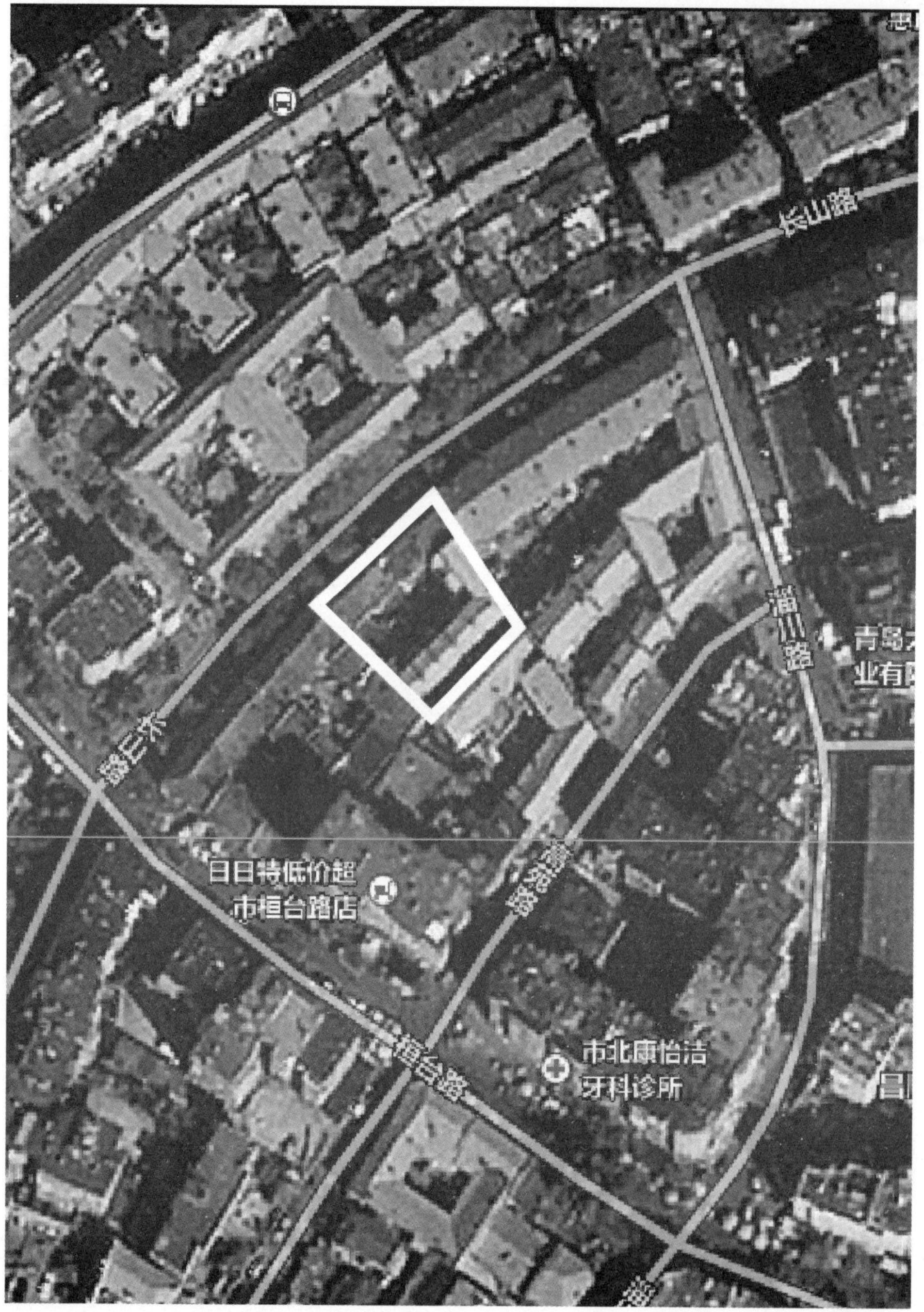

长山路 17 号位于长山路南侧，占地面积 675 平方米，是一个近似矩形的院落。立面为土黄色，材质为水泥抹灰、石材，内部走廊采用水泥与木质结构，里院主体采用砖混结构。

站在长山路 17 号东北侧三层外廊上由东北向西南看

站在长山路 17 号西北入口处由西北向东南看向院内

站在院内由东南向西北看长山路

17. 长山路 26 号

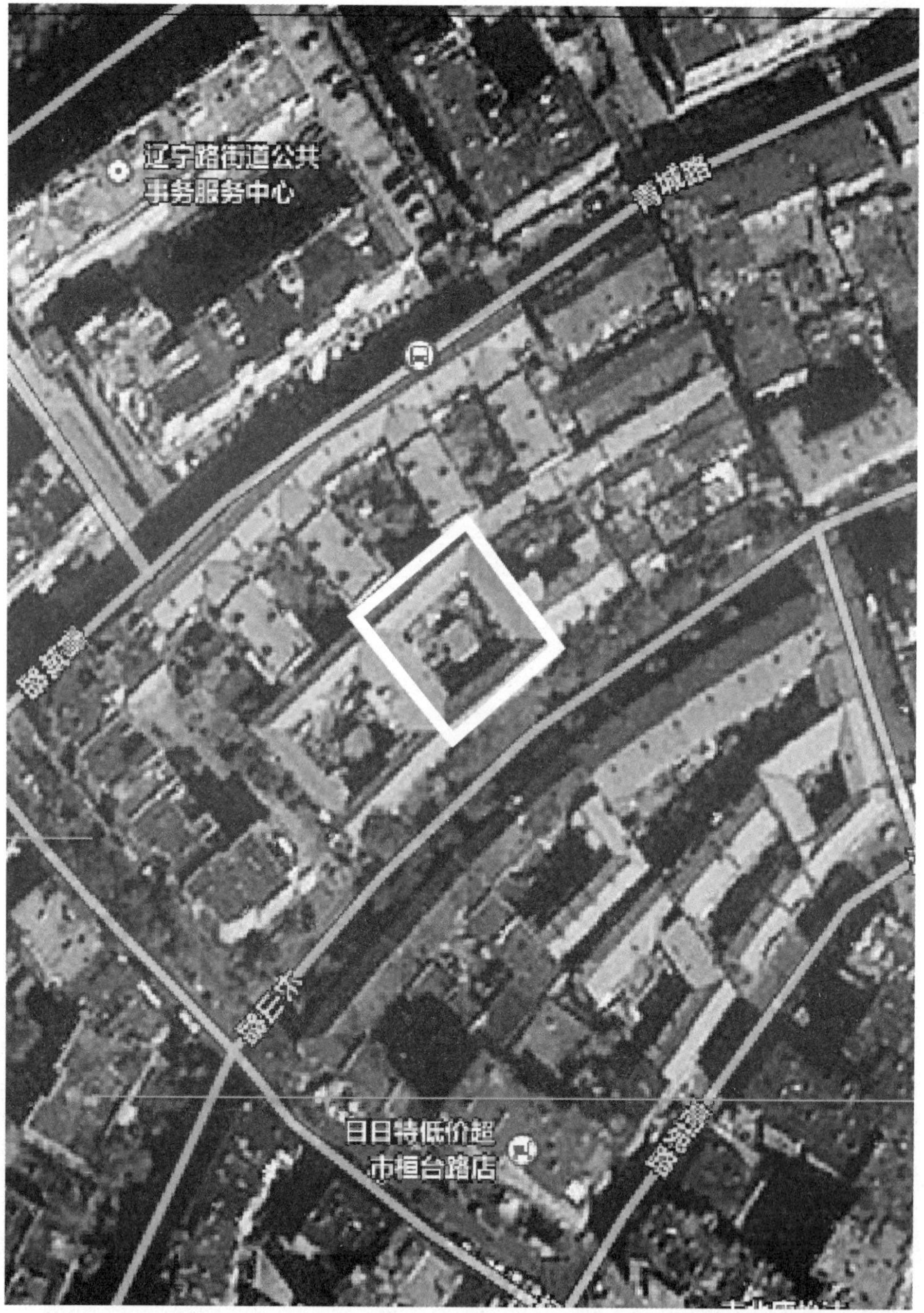

长山路 26 号位于长山路北侧，占地面积 572 平方米，是一个矩形的院落。立面为灰色，材质为水泥抹灰，内部走廊采用水泥与木质结合结构，里院主体采用砖混结构。

站在长山路 26 号院内东北角二层外廊上由东北向西南看

站在长山路 26 号院内中央由西向东看

站在长山路 26 号院内中央由南向北看

站在长山路 26 号院内中央由西向东看

站在长山路 26 号院内由东向西看西侧二层外廊局部

站在长山路 26 号院内由东向西看西侧二层局部

站在长山路 26 号院内由东向西看院中央加建建筑

18. 高苑路 2 号

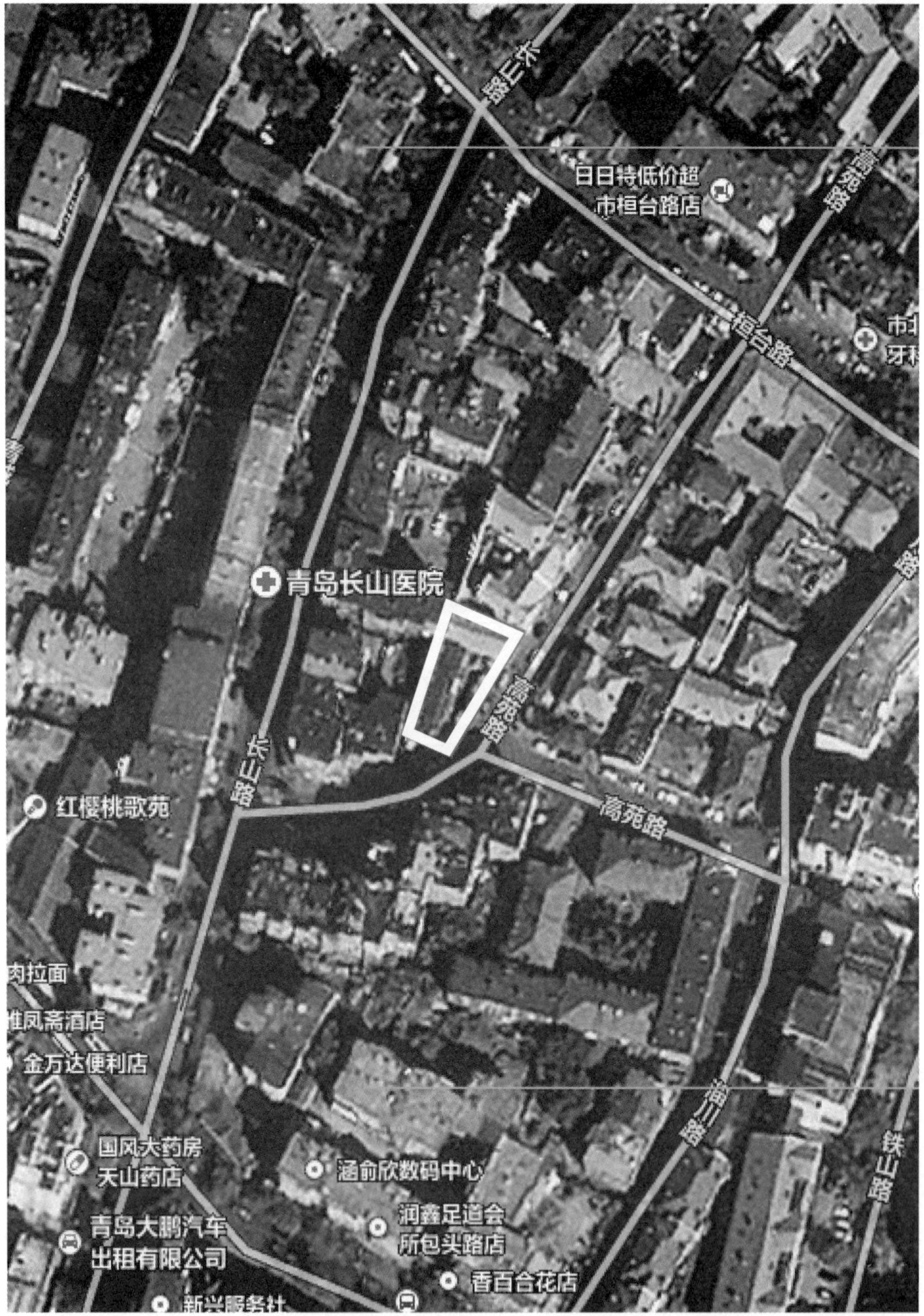

高苑路 2 号位于高苑路西侧，占地面积 288 平方米，是一个矩形的院落。立面为土黄色，材质为水泥抹灰，内部走廊采用木质结构，里院主体采用砖混结构。

站在高苑路上由东向西看高苑路 2 号东外立面

站在高苑路 2 号院内由南向北看二层

站在高苑路 2 号院内由东向西看西内立面

站在高苑路 2 号院内楼梯处由南向北看

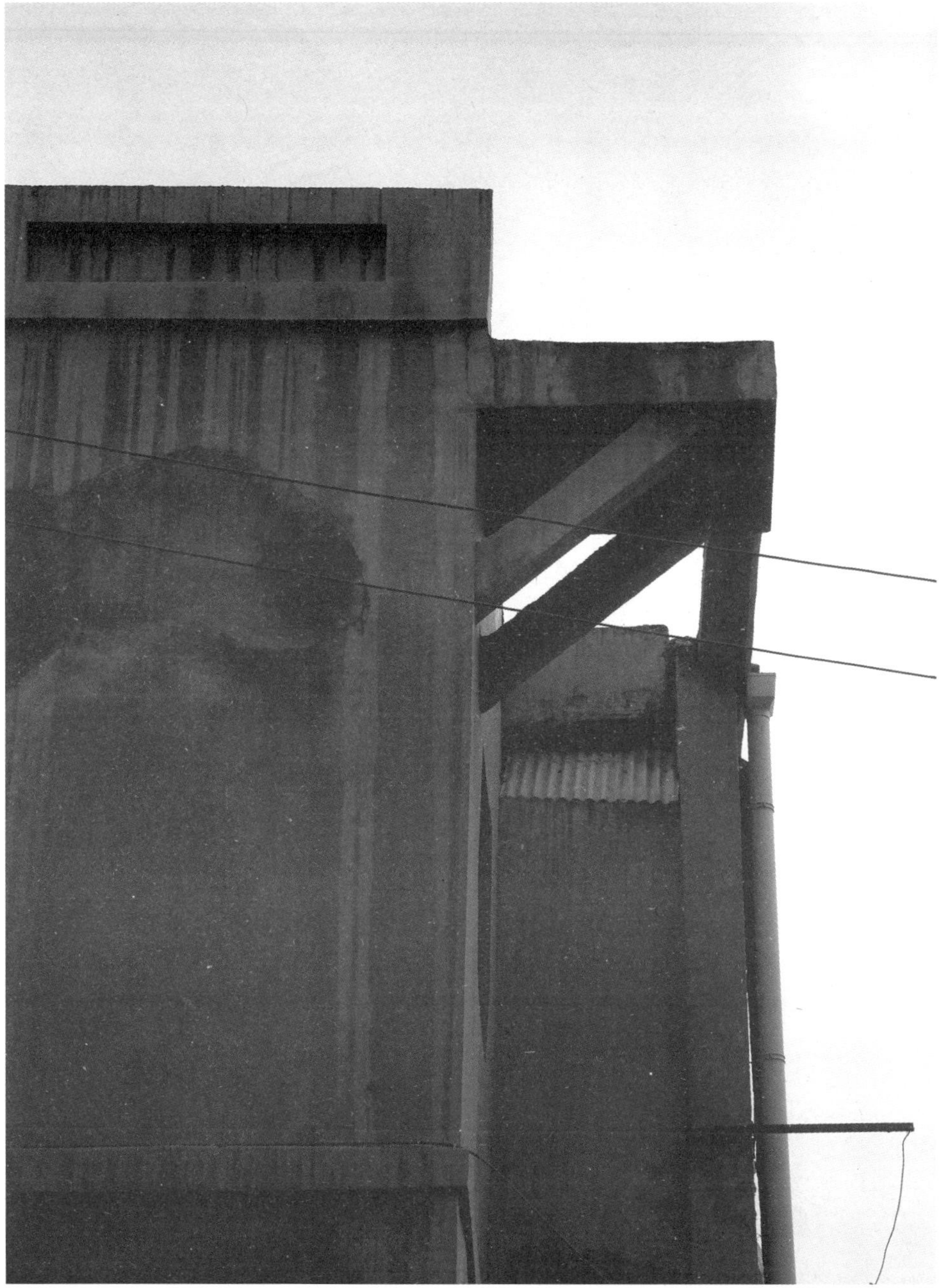

高苑路 2 号南外立面二层局部

高苑路 2 号西外立面二层局部

19. 高苑路 3 号

高苑路 3 号位于高苑路东侧，占地面积 320 平方米，是一个矩形的院落。立面为土黄色，材质为水泥抹灰，内部走廊采用木质结构，里院主体采用砖混结构。

站在高苑路上由东南向西北看高苑路 3 号外立面

站在高苑路 3 号西北入口处由西北向西南看向楼梯

站在高苑路 3 号院内由西向东看向入口处

20. 高苑路 4 号

高苑路 4 号位于高苑路西侧，占地面积 380 平方米，是一个近似梯形的院落。立面为蓝灰色，材质为涂料，内部走廊采用水泥砌筑结构，里院主体采用砖混结构。

站在高苑路 4 号院内西侧楼梯处由西向东看

站在高苑路 4 号北侧三层外廊上由北向南看

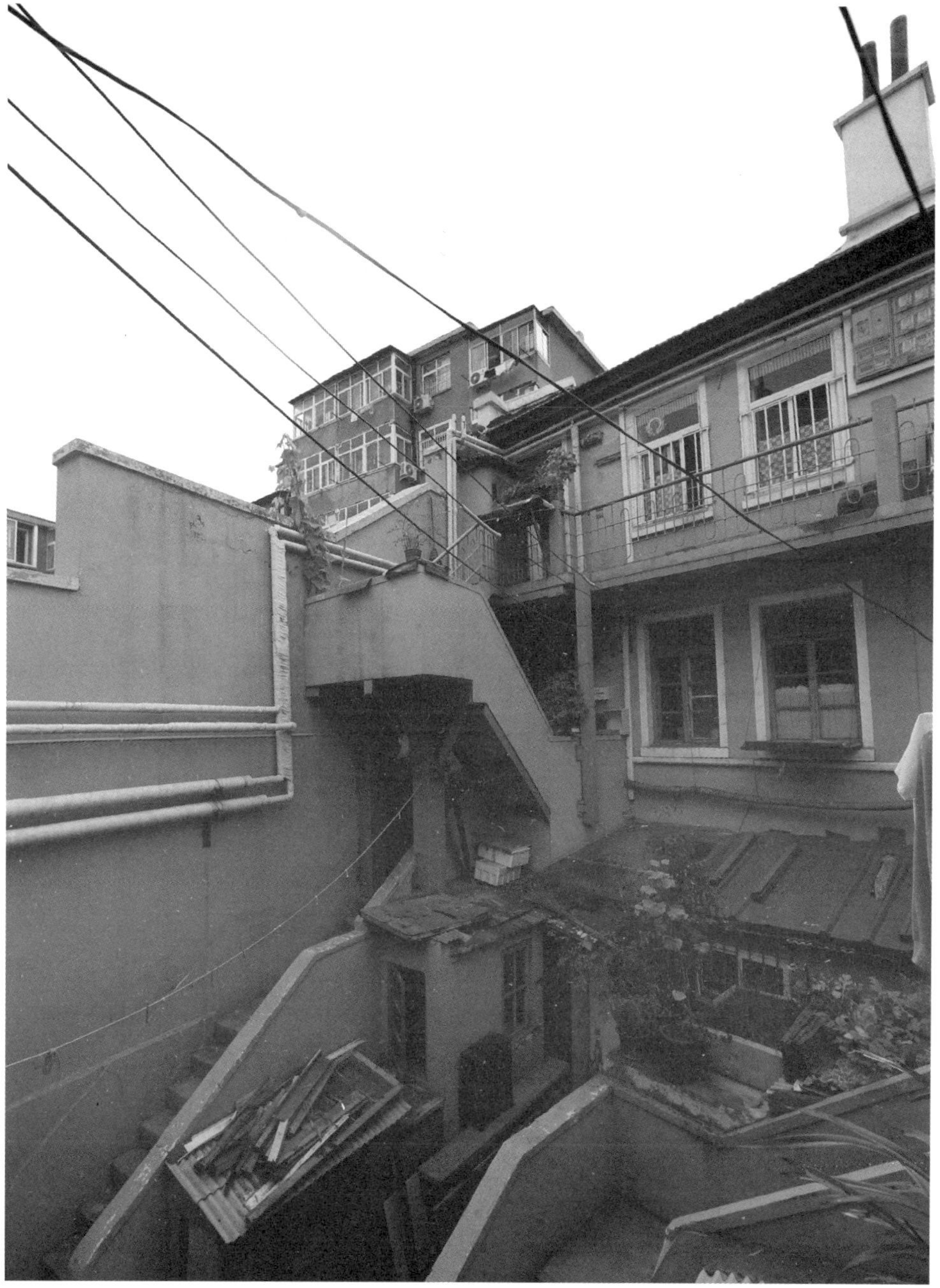

站在高苑路 4 号东南侧二层平台上由东南向西北看

21. 高苑路 7 号

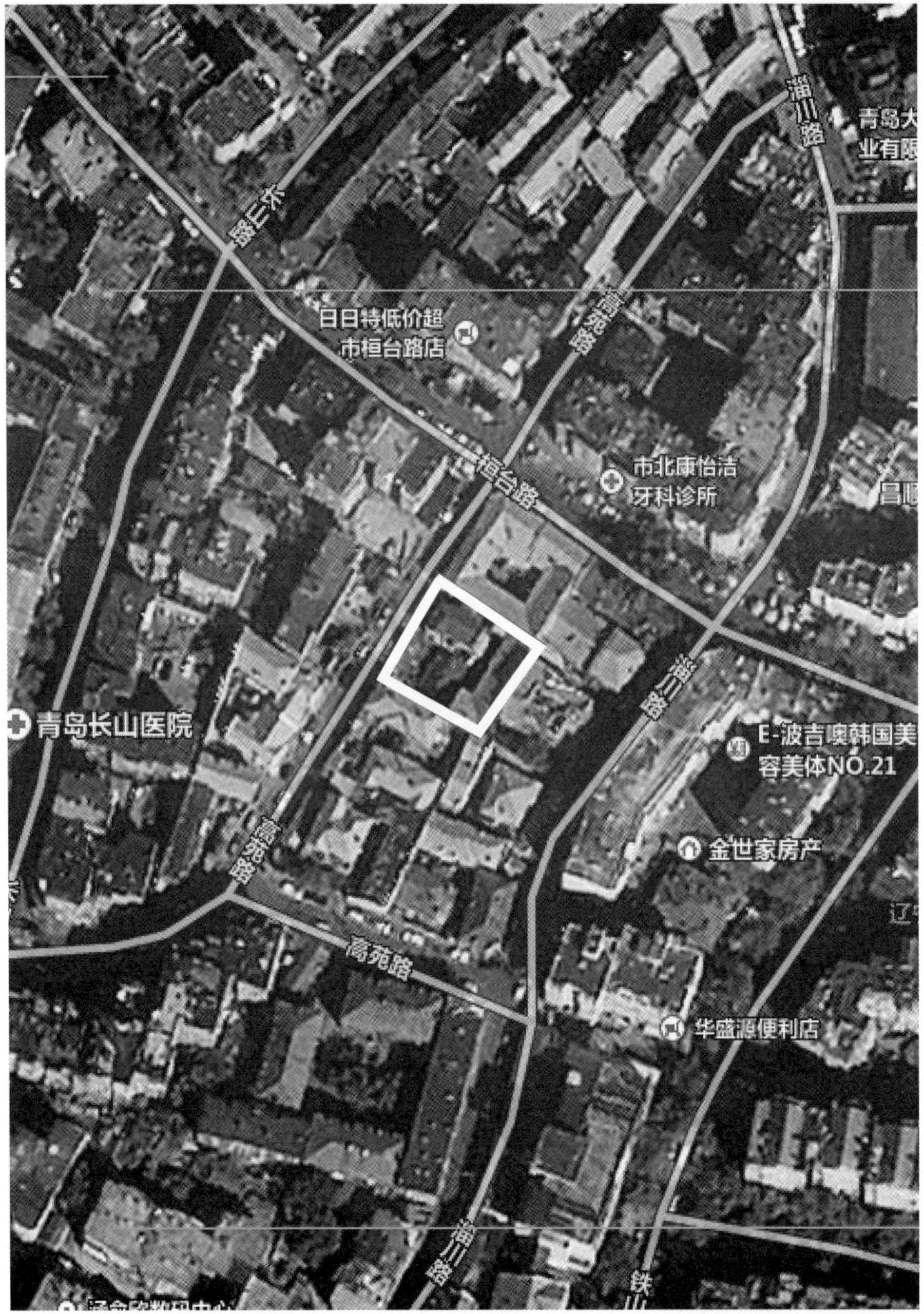

高苑路 7 号位于高苑路东侧，占地面积约 450 平方米，是一个矩形的院落。立面为灰色，二层，内部走廊柱檐采用木质结构，里院主体采用砖混结构。

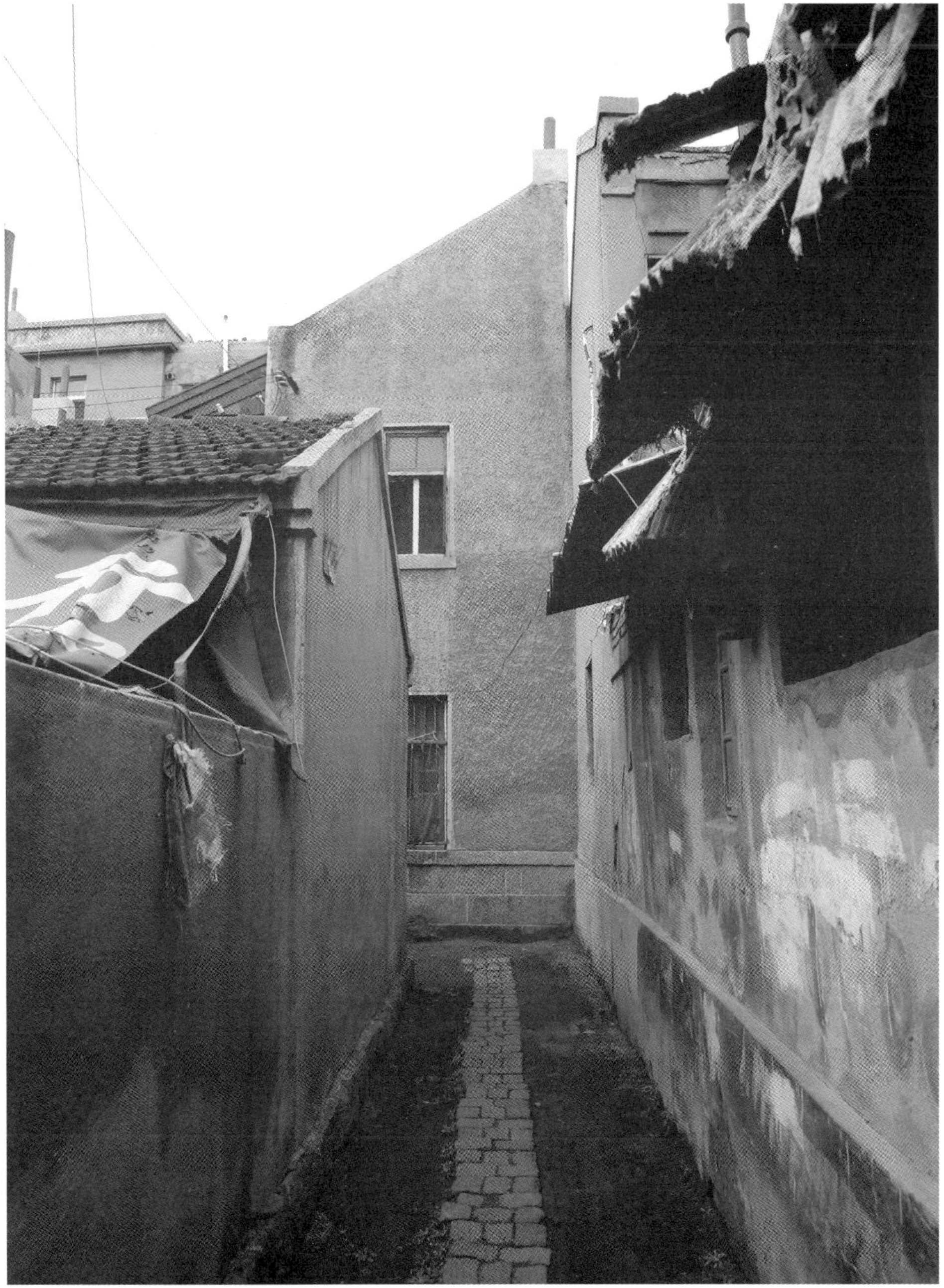

从高苑路进入胡同由西北向东南看

站在院内南侧角部 二层外廊由西北向东北看

站在院内由西北向东南看二层的走廊

22. 高苑路 9 号

高苑路 9 号位于高苑路东侧，占地面积约 576 平方米，是一个正方形的院落。立面为红褐色，内部走廊采用木质结构，里院主体采用砖混结构。

由南向北鸟瞰高苑路 9 号

站在高苑路和桓台路交汇处由南向北看高苑路 9 号北角外立面

站在高苑路 9 号西侧二层外廊上由西北向东南看

站在高苑路 9 号院内由北向南看

站在高苑路上由东南向西北看二层落水管

站在高苑路 9 号东南侧二层外廊上由东南向西北看

站在高苑路 9 号西北侧二层外廊上由西北向东南看

23. 高苑路 10 号

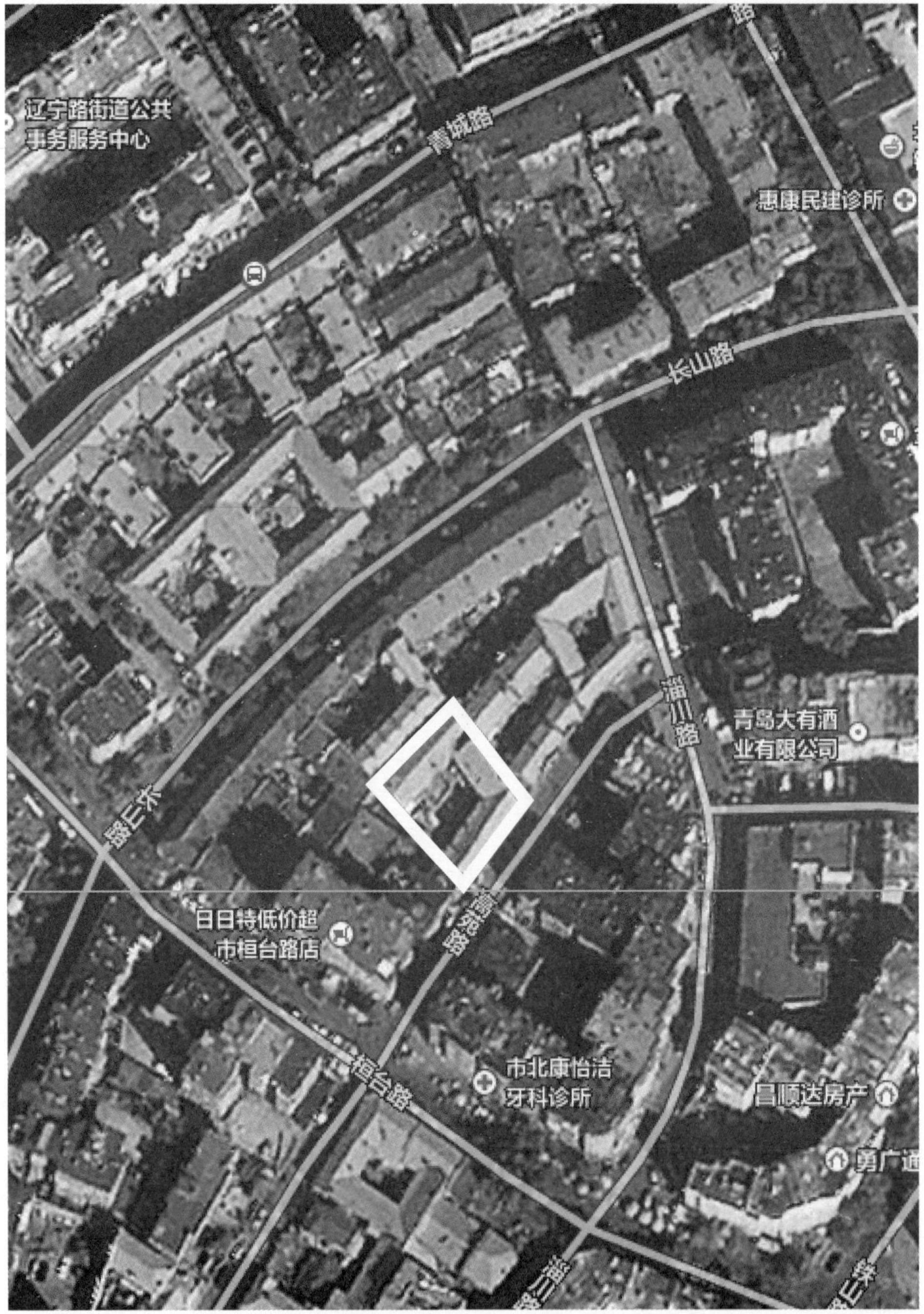

高苑路 10 号位于高苑路西侧，占地面积 500 平方米，是一个平行四边形的院落。立面为白色，材质为涂料，内部走廊采用水泥与木质结合结构，里院主体采用砖混结构。

站在高苑路 10 号西北侧二层外廊上由西北向东南看

站在高苑路 10 号东南侧二层外廊上由东南向西北看向院内

站在高苑路 10 号东南侧二层外廊上由东南向西北看室外楼梯

24. 高苑路 32 号

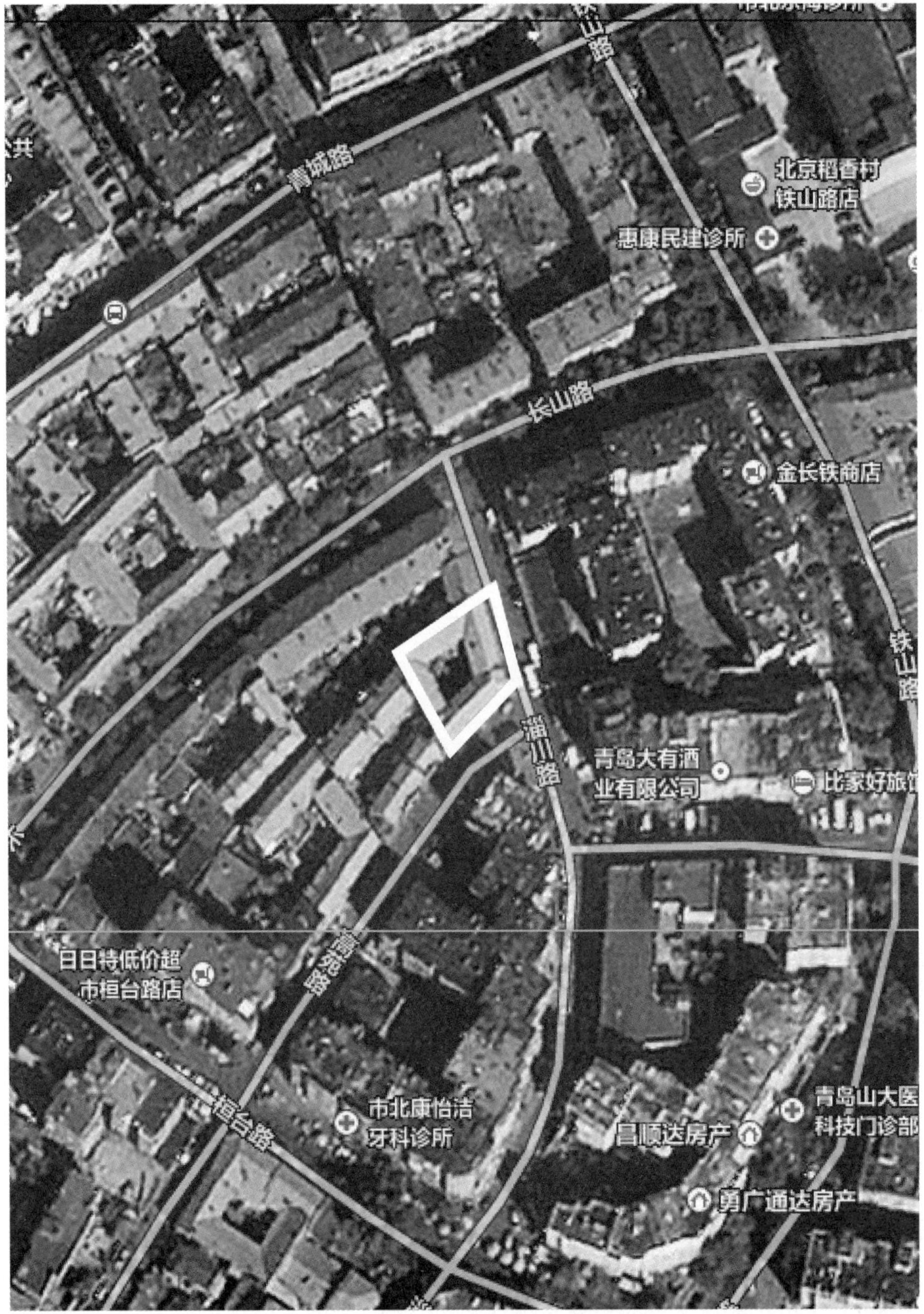

高苑路 32 号位于高苑路东侧，占地面积约 450 平方米，是一个近似菱形的院落。立面为褐色，内部走廊采用木质结构，里院主体采用砖混结构。

站在高苑路 32 号院内由西向东看

站在高苑路 32 号东侧二层外廊上由东向西看

站在高苑路 32 号院中央由西南向东北看

25. 淄川路 2 号甲

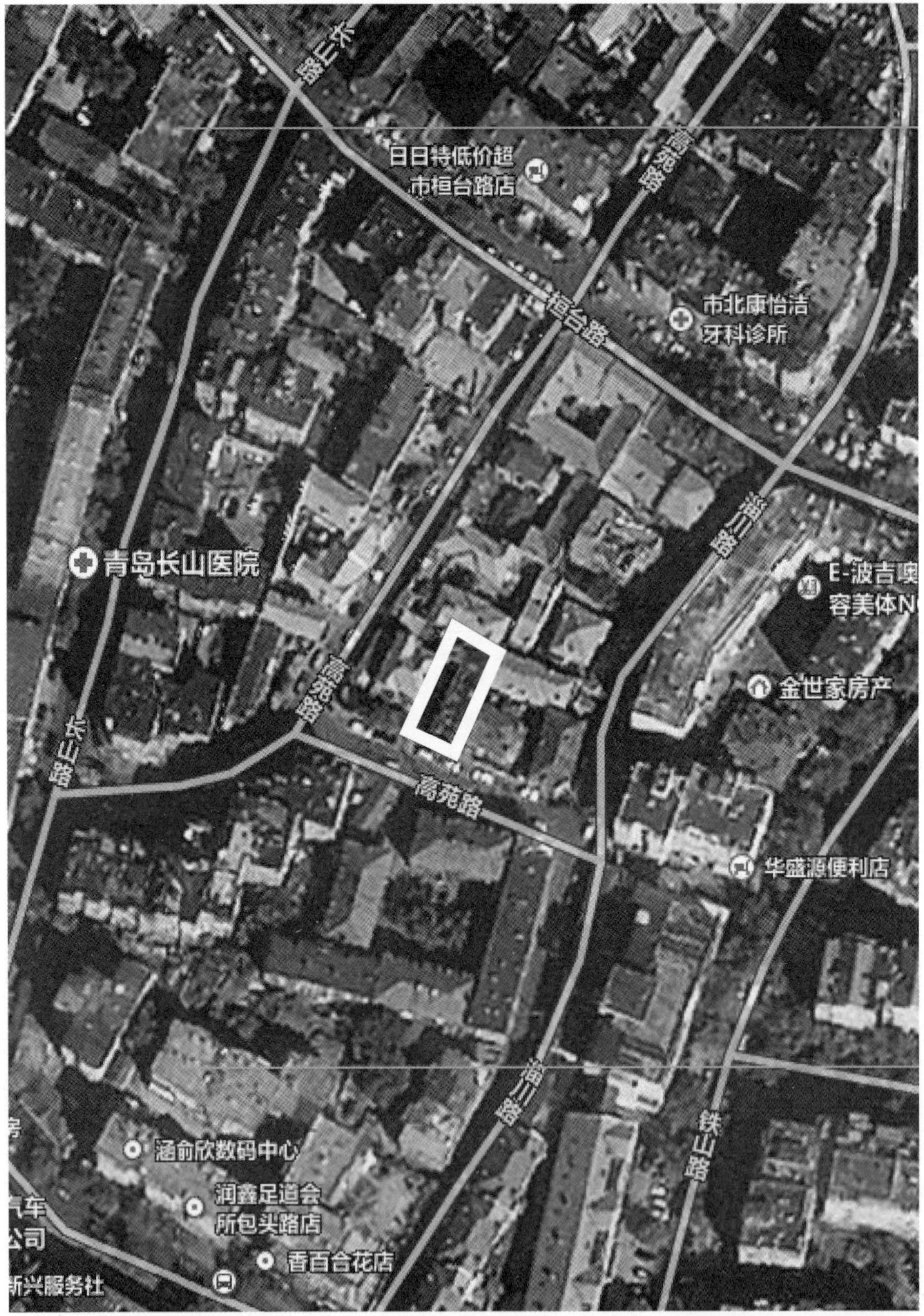

淄川路 2 号甲位于淄川路与高苑路交接处西侧、高苑路北侧，占地面积 276 平方米，是一个矩形的院落。立面为蓝灰色，材质为涂料，内部走廊采用水泥砌筑结构，里院主体采用砖混结构。

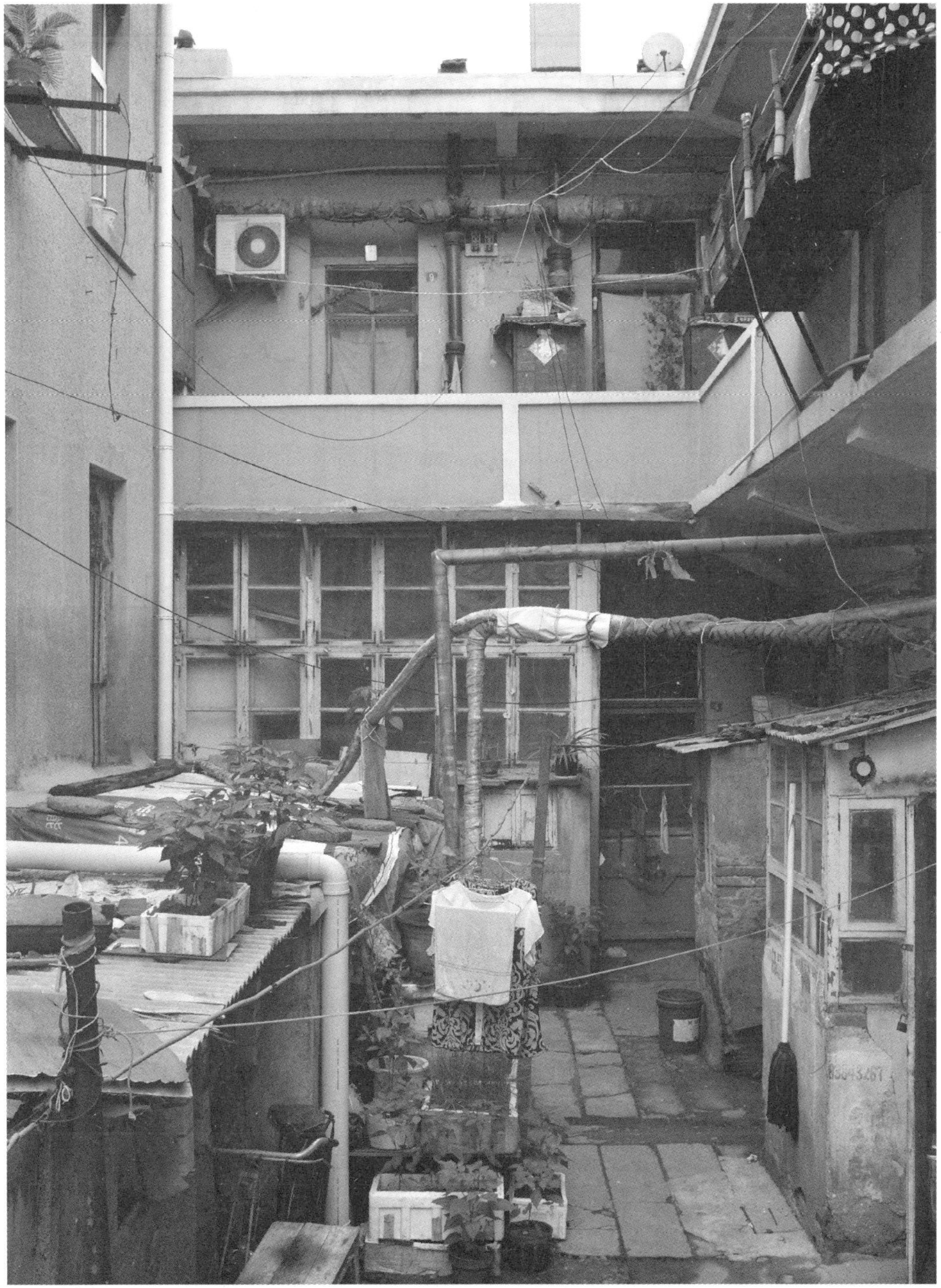

站在淄川路 2 号甲入口台阶上由南向北看

站在院内南侧楼梯二层平台上向北看

站在院内由北向南看院内南侧楼梯和入口

26. 恩县路 5 号

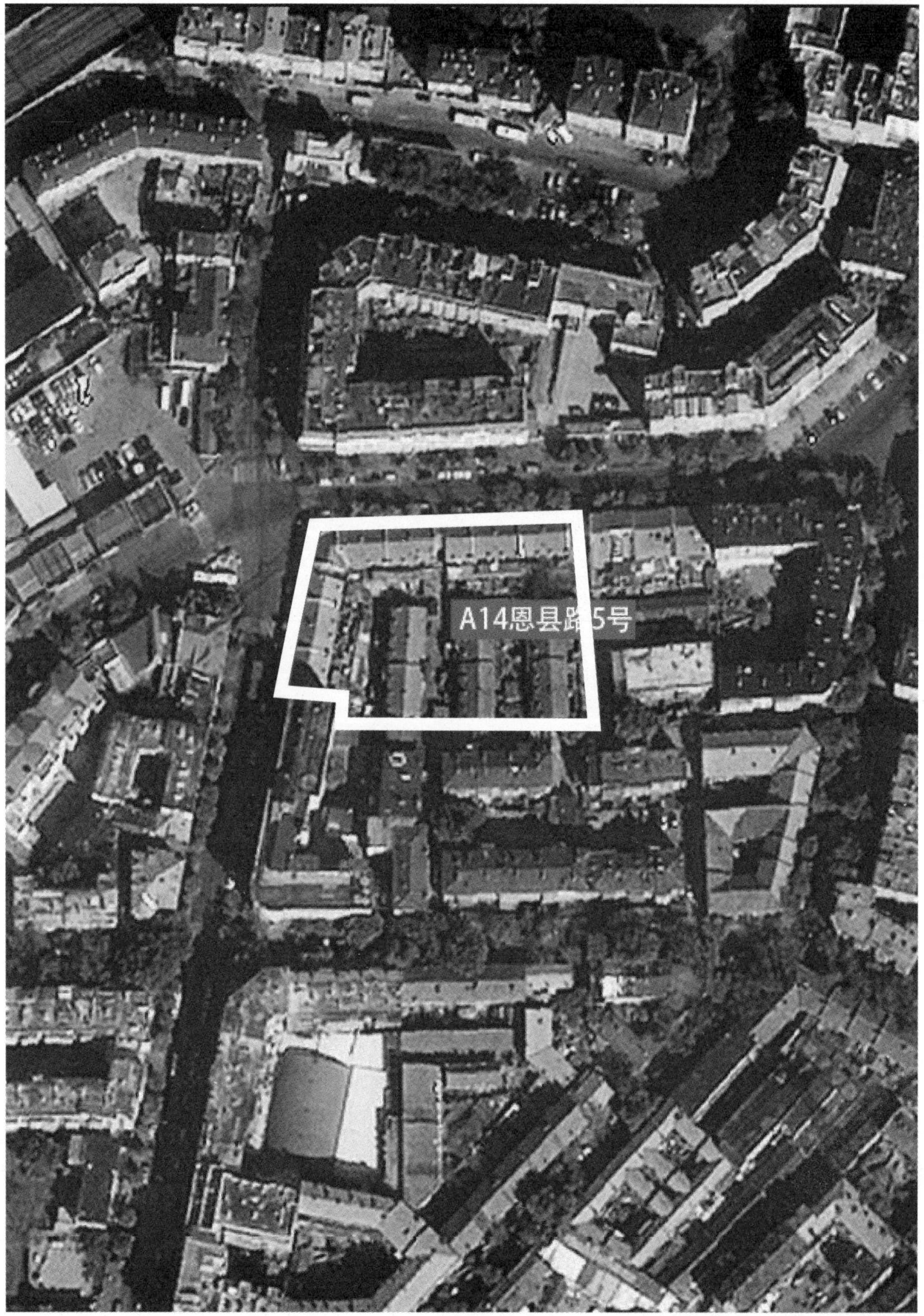

恩县路 5 号位于恩县路南侧，乐陵路东侧，占地面积 4320 平方米，层高为两层，是由多个院子组合而成。外立面为米黄色，红色瓦屋面，里院主体采用砖混结构。

站在恩县路 5 号西院内南侧由南向北看

站在陵县路上由西向东看恩县路 5 号西外立面

站在恩县路 5 号西入口楼梯台阶上由西向东看

站在西入口由外向内看

恩县路 5 号外立面窗户

站在西入口楼梯上向西俯瞰入口

站在恩县路 5 号中院西侧由西向东仰视

站在恩县路 5 号北入口由西向东看室外楼梯

站在恩县路 5 号东院院内南侧由西向东看

27. 甘肃路 2 号

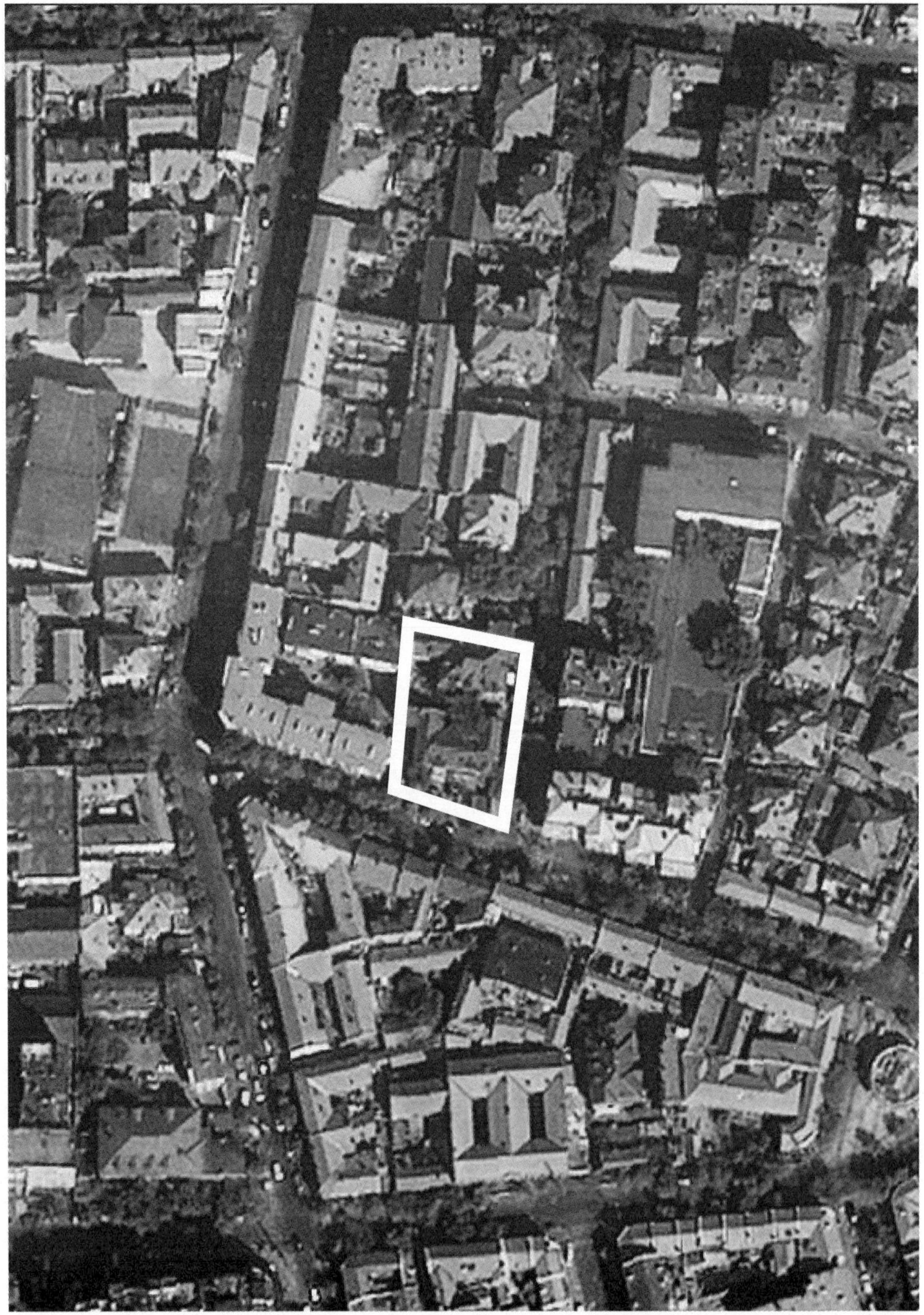

甘肃路 2 号位于甘肃路西侧，占地面积 551 平方米，层高为两层，是一个矩形院子。外立面为米黄色，红色瓦屋面，里院主体采用砖混结构。

站在甘肃路 2 号西侧院内二层外廊上由西向东看

站在甘肃路 2 号甲院内北侧由北向南看

甘肃路 2 号室内楼梯局部

28. 甘肃路 6 号

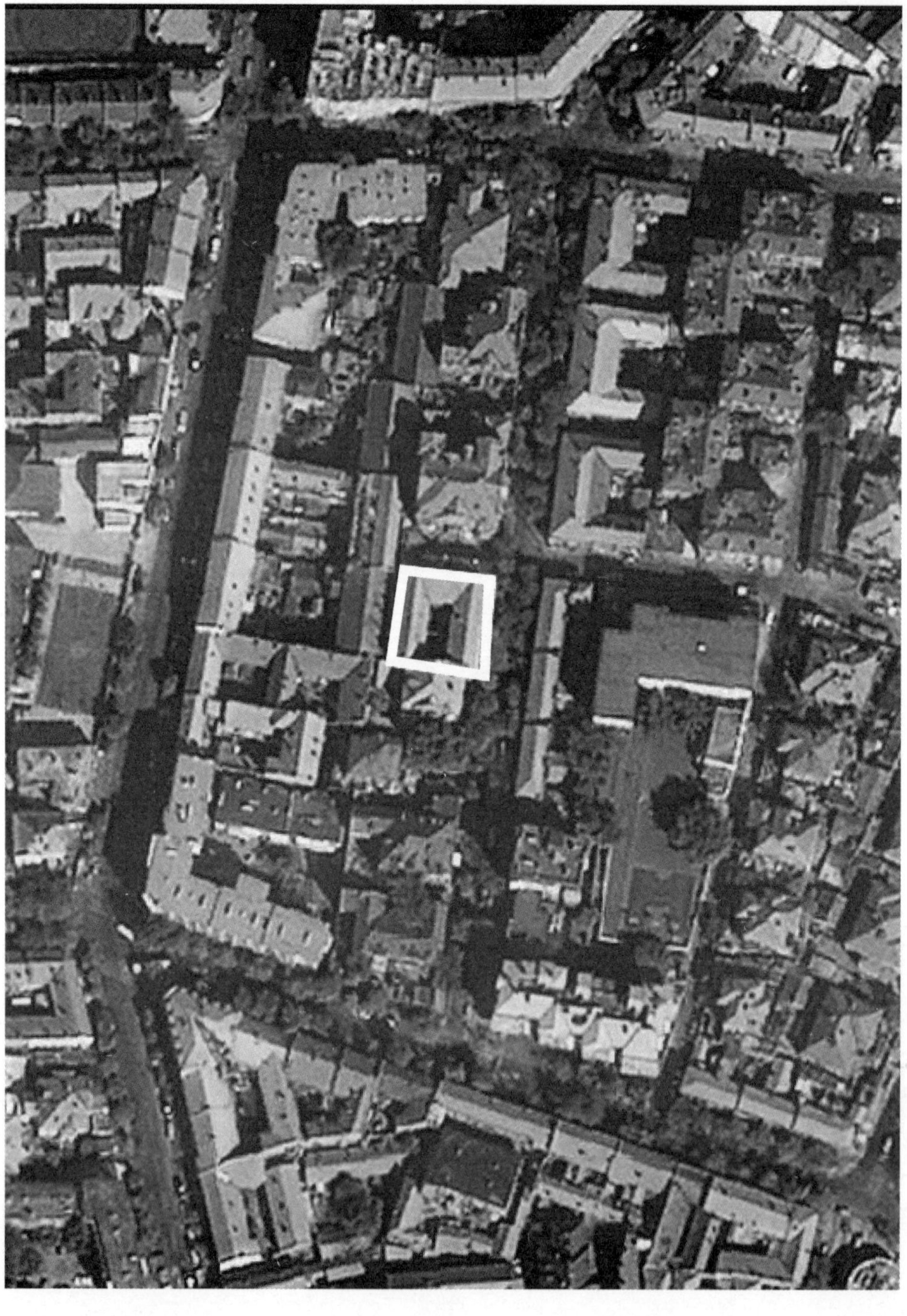

甘肃路 6 号位于甘肃路西侧，占地面积 342 平方米，层高为两层，是一个矩形院子。外立面为米黄色，红色瓦屋面，里院主体采用砖混结构。

站在甘肃路 6 号院内南侧由北向南看

站在甘肃路 6 号 南侧二层外廊由南向北看院内

站在甘肃路 6 号院内南侧由西向东看甘肃路 6 号东入口

29. 甘肃路 23 号甲

甘肃路 23 号甲位于甘肃路东侧，占地面积 480 平方米，层高为两层，是一个矩形院子。外立面为米黄色，红色瓦屋面，里院主体采用砖混结构。

站在甘肃路 23 号甲院内南侧由南向北看

站在甘肃路 23 号甲院内南侧二层外廊透过玻璃由南向北看

站在上海支路由南向北看甘肃路 23 号甲南外立面

30. 甘肃路 27 号

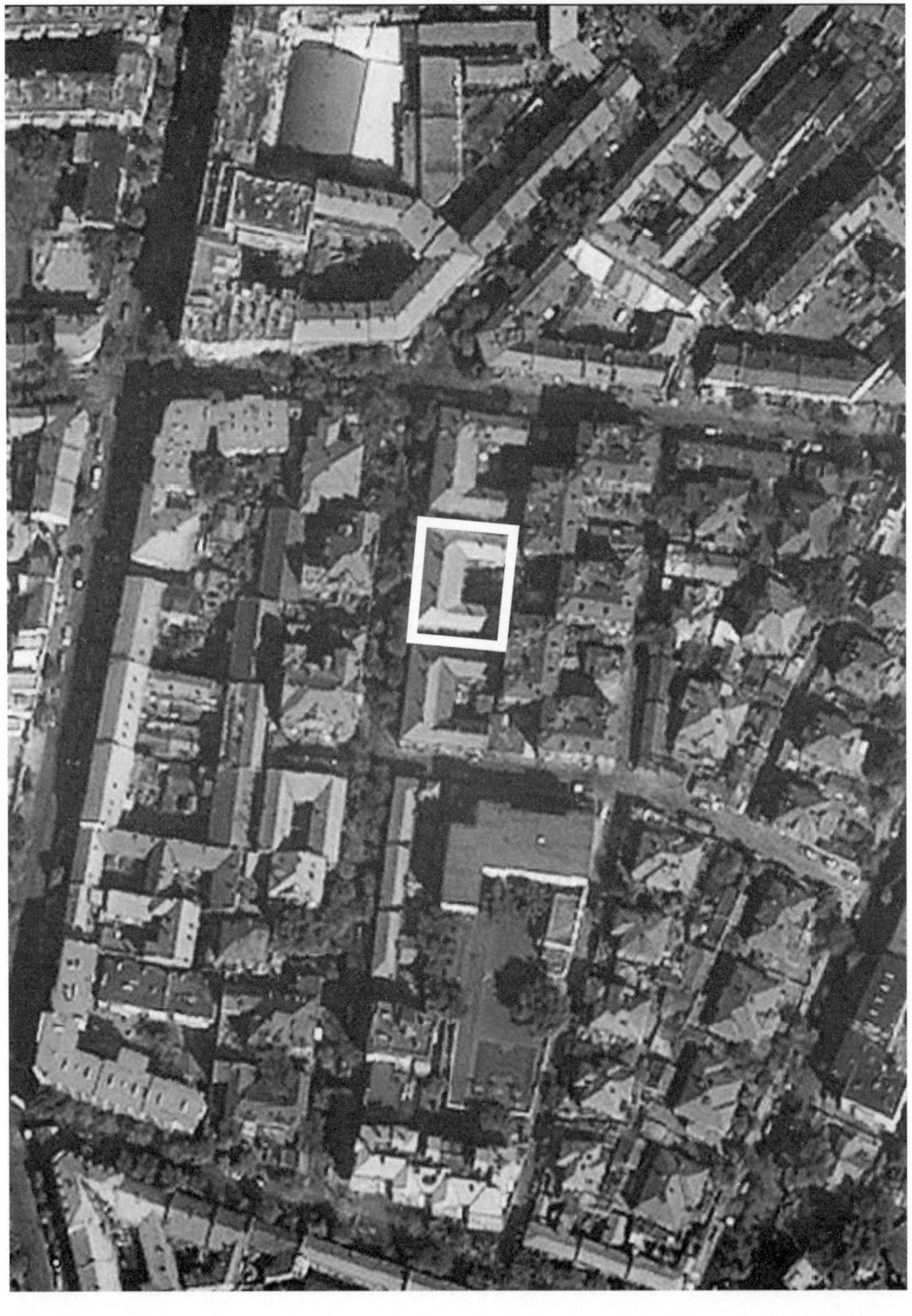

甘肃路 27 号位于甘肃路东侧，占地面积 480 平方米，层高为两层，是一个矩形院子。外立面为米黄色，红色瓦屋面，里院主体采用砖混结构。

站在甘肃路 27 号甲院内北侧由北向南看

站在甘肃路 27 号院内北侧看二层外廊局部

甘肃路 27 号西入口内楼梯

31. 甘肃路 31 号

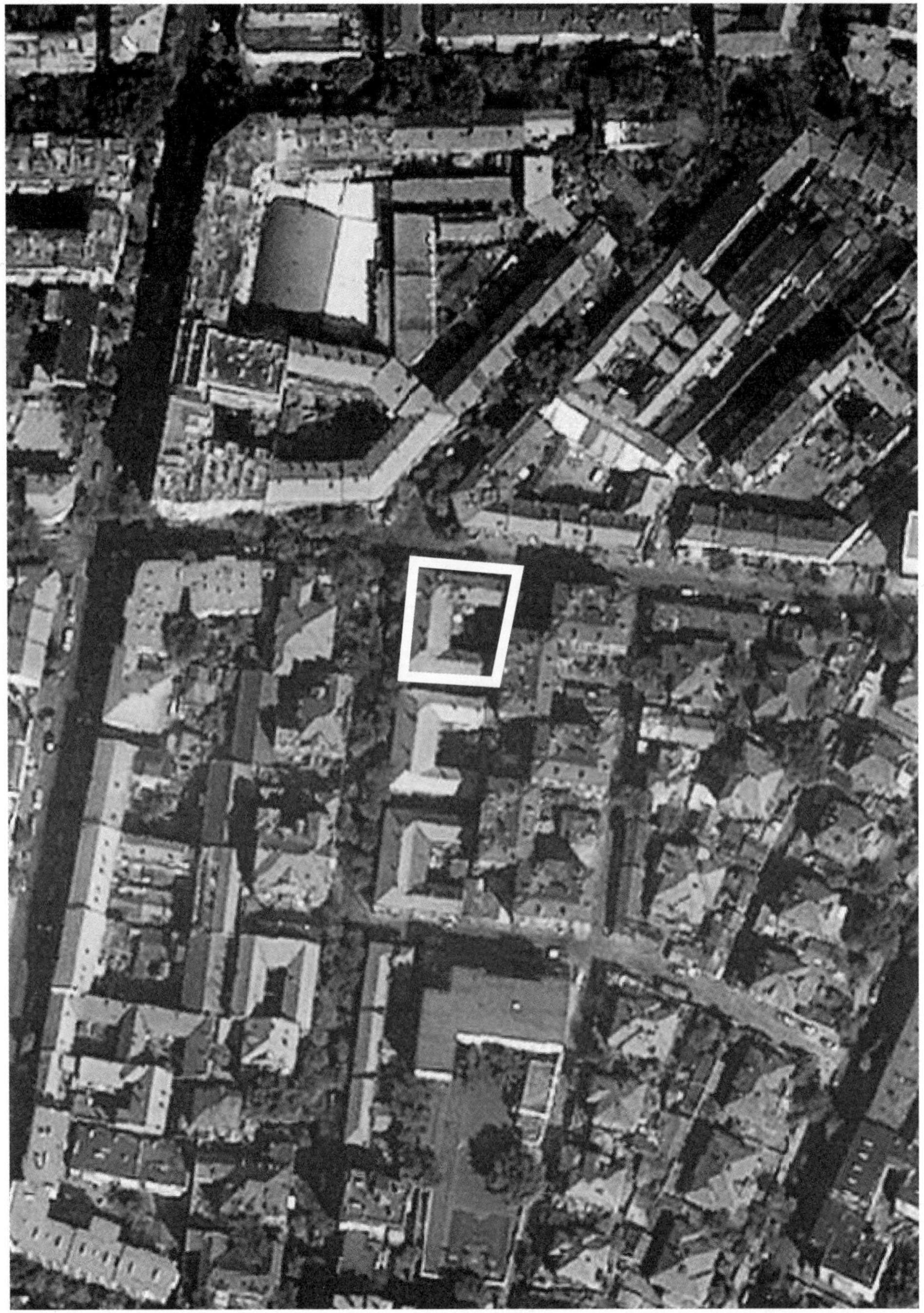

甘肃路 31 号位于甘肃路东侧，占地面积 550 平方米，层高为两层，是一个矩形院子。外立面为米黄色，红色瓦屋面，里院主体采用砖混结构。

站在甘肃路 31 号南侧二层外廊由南向北看

站在甘肃路 31 号北侧二层外廊由北向南看

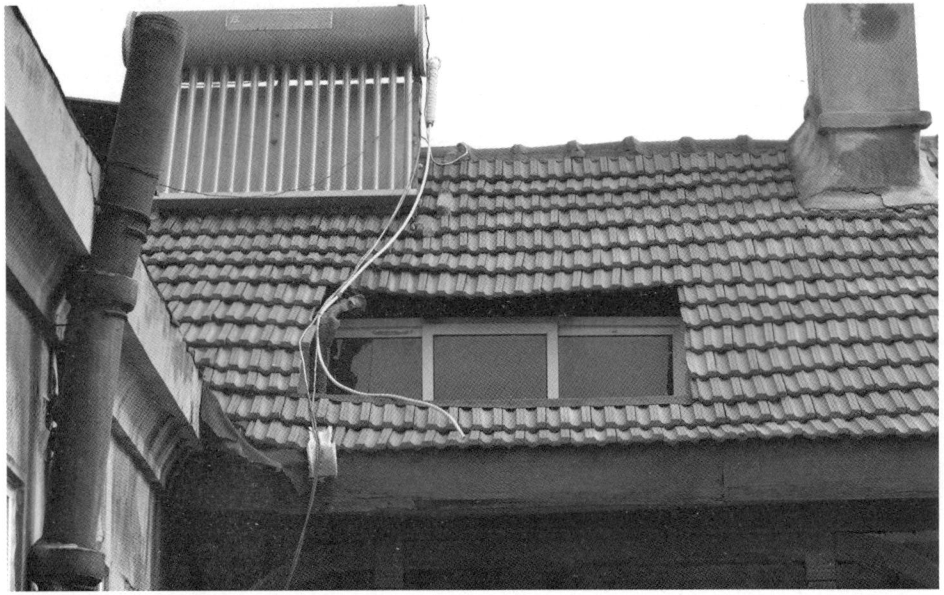
甘肃路 31 号院内西北角顶部

站在甘肃路 31 号院内北侧二层外廊上由西向东看

甘肃路 31 号西入口内楼梯

甘肃路 31 号西入口北侧局部

32. 甘肃路 34 号

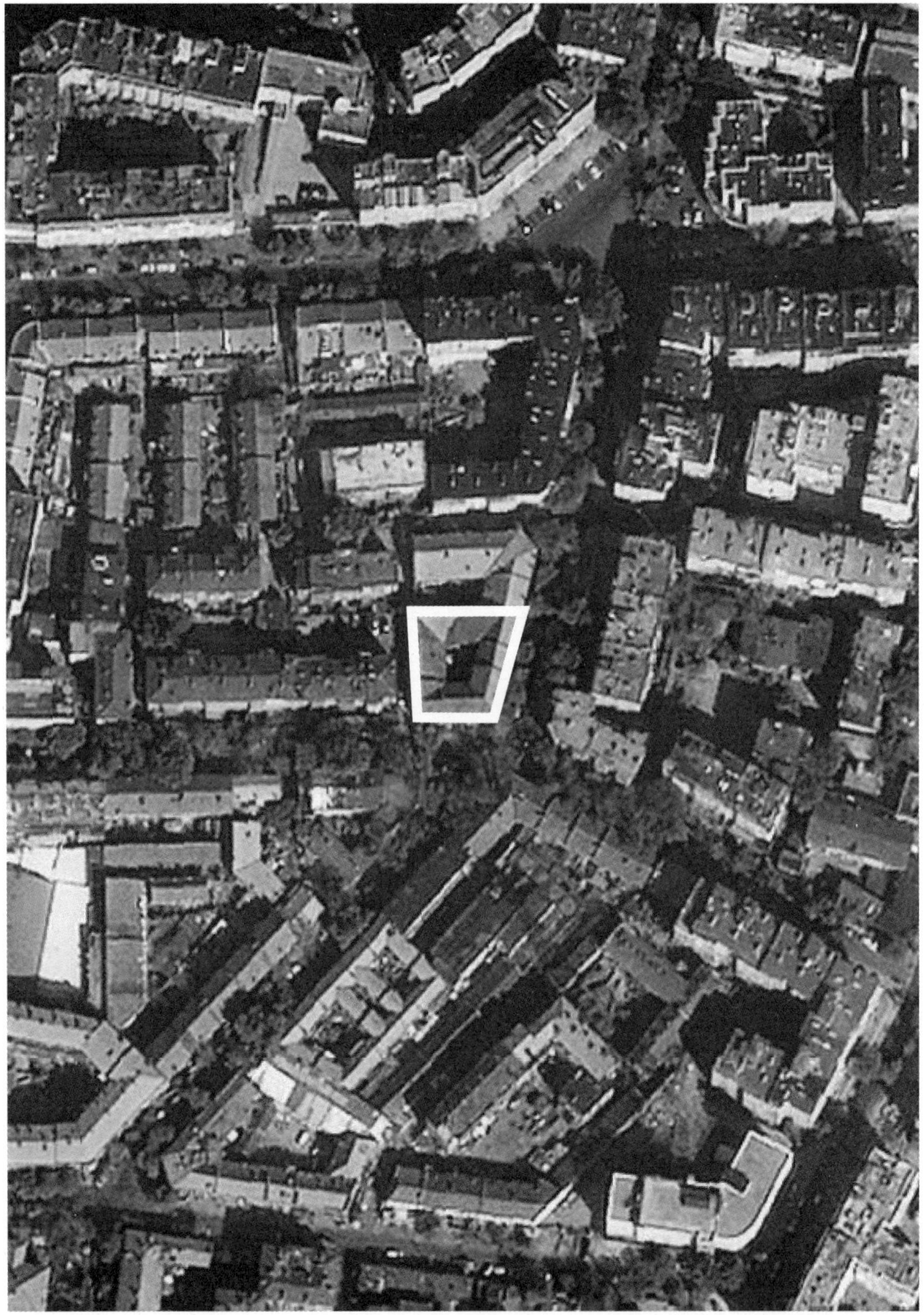

甘肃路 34 号位于甘肃路西侧，占地面积 624 平方米，层高为两层，是一个矩形院子。外立面为米黄色，红色瓦屋面，里院主体采用砖混结构。

站在甘肃路 34 号院内南侧由南向北看

33. 甘肃路 42 号

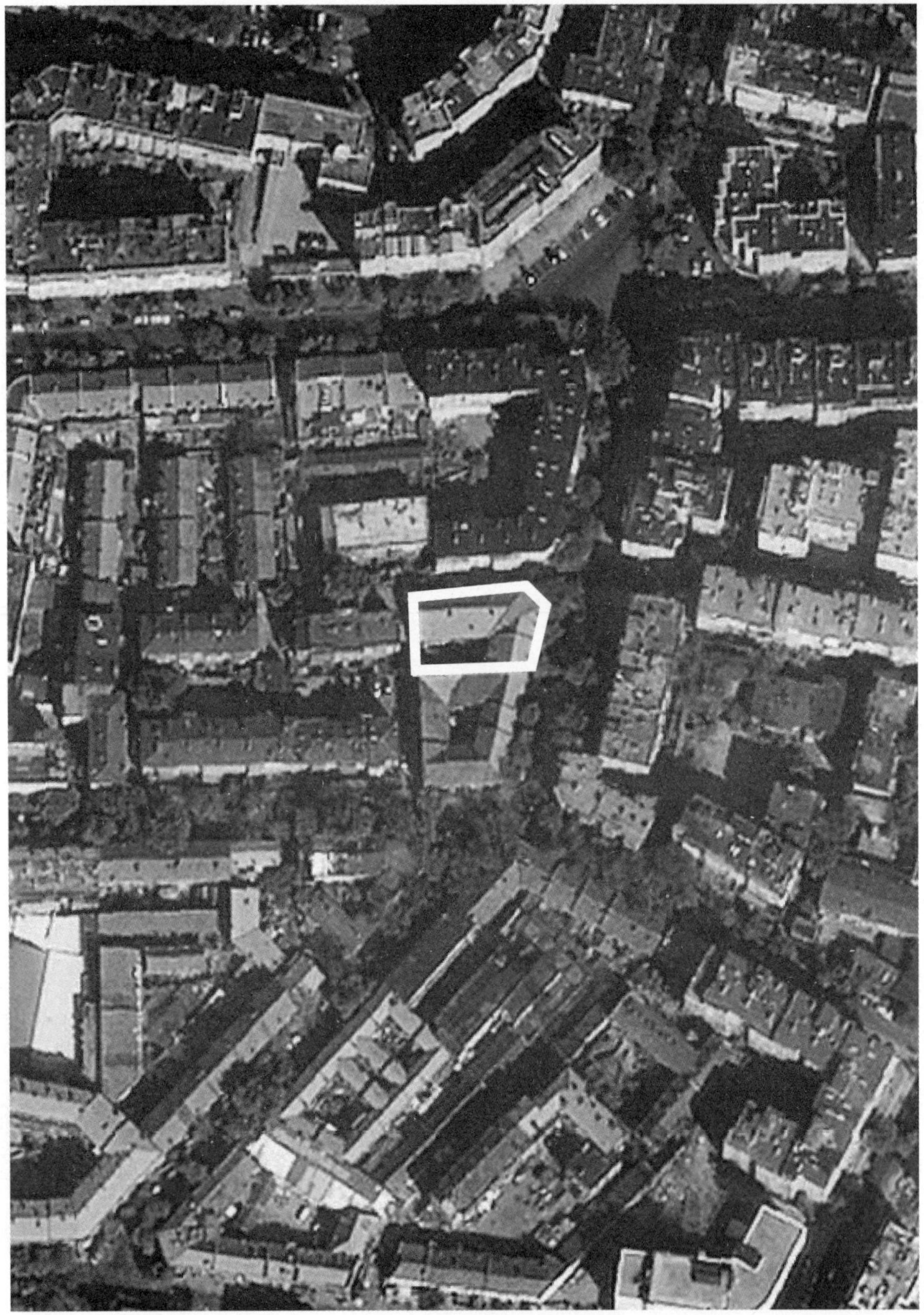

甘肃路 42 号位于甘肃路西侧，占地面积 416 平方米，层高为两层，是一个矩形院子。外立面为米黄色，红色瓦屋面，里院主体采用砖混结构。

站在甘肃路 42 号院内南侧由南向北看

站在甘肃路 42 号院内北侧由北向南看

站在甘肃路 42 号院内南侧仰视二层外廊

34. 甘肃路 47 号

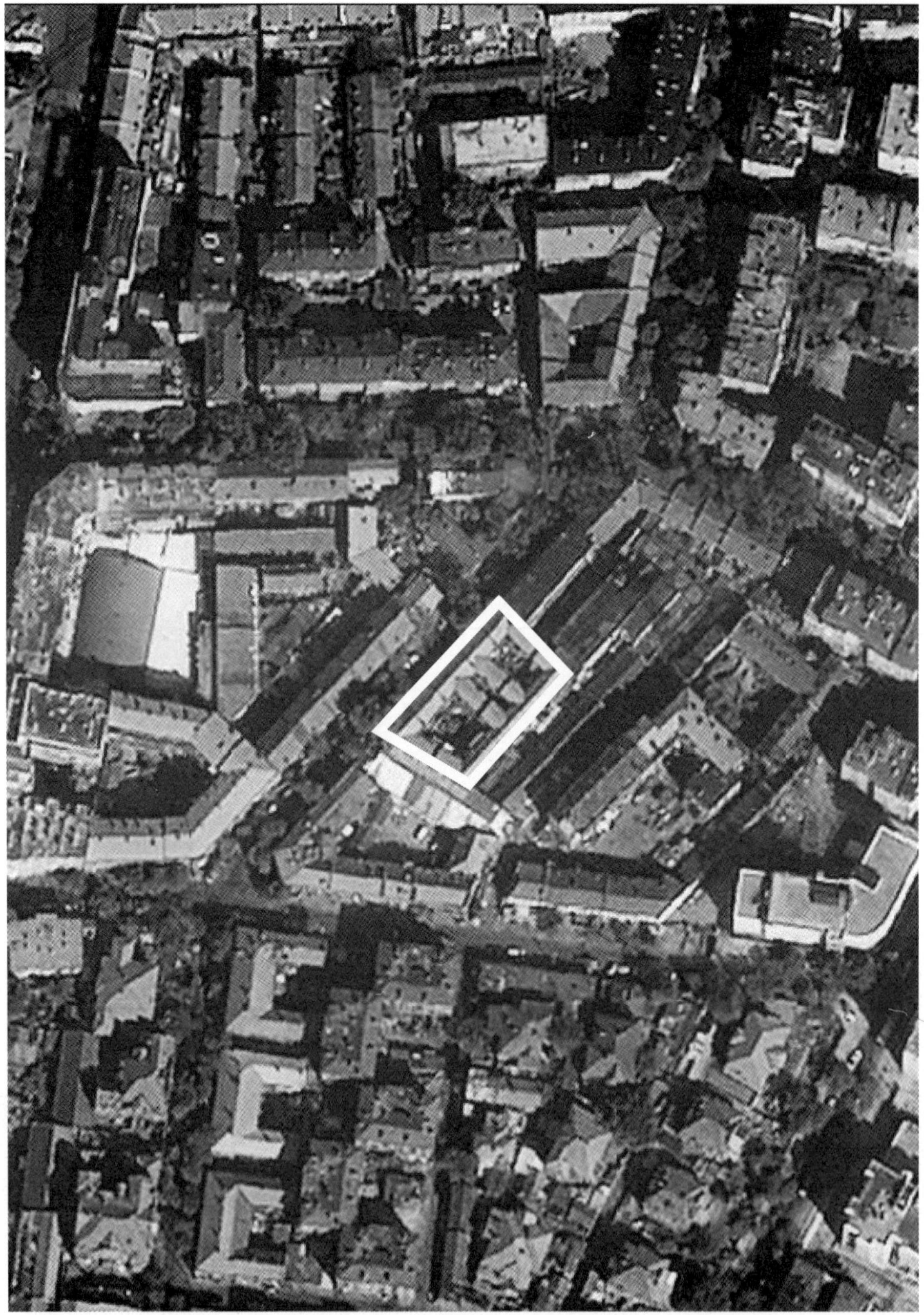

甘肃路 47 号位于甘肃路东侧，占地面积 740 平方米，层高为两层，是一个矩形院子。外立面为米黄色，红色瓦屋面，里院主体采用砖混结构。

站在甘肃路 47 号南院东侧二层外廊上由东向西俯瞰院内

站在甘肃路 47 号北院东侧二层外廊上由东向西俯瞰院内

站在甘肃路 47 号北院中部室外楼梯休息平台上由西向东看

站在甘肃路 47 号北院东侧由东向西看

站在甘肃路 47 号南院内部中间楼梯踏步起始处由西南向东北看

甘肃路 47 号中部公共街道

35. 宁波路 22 号

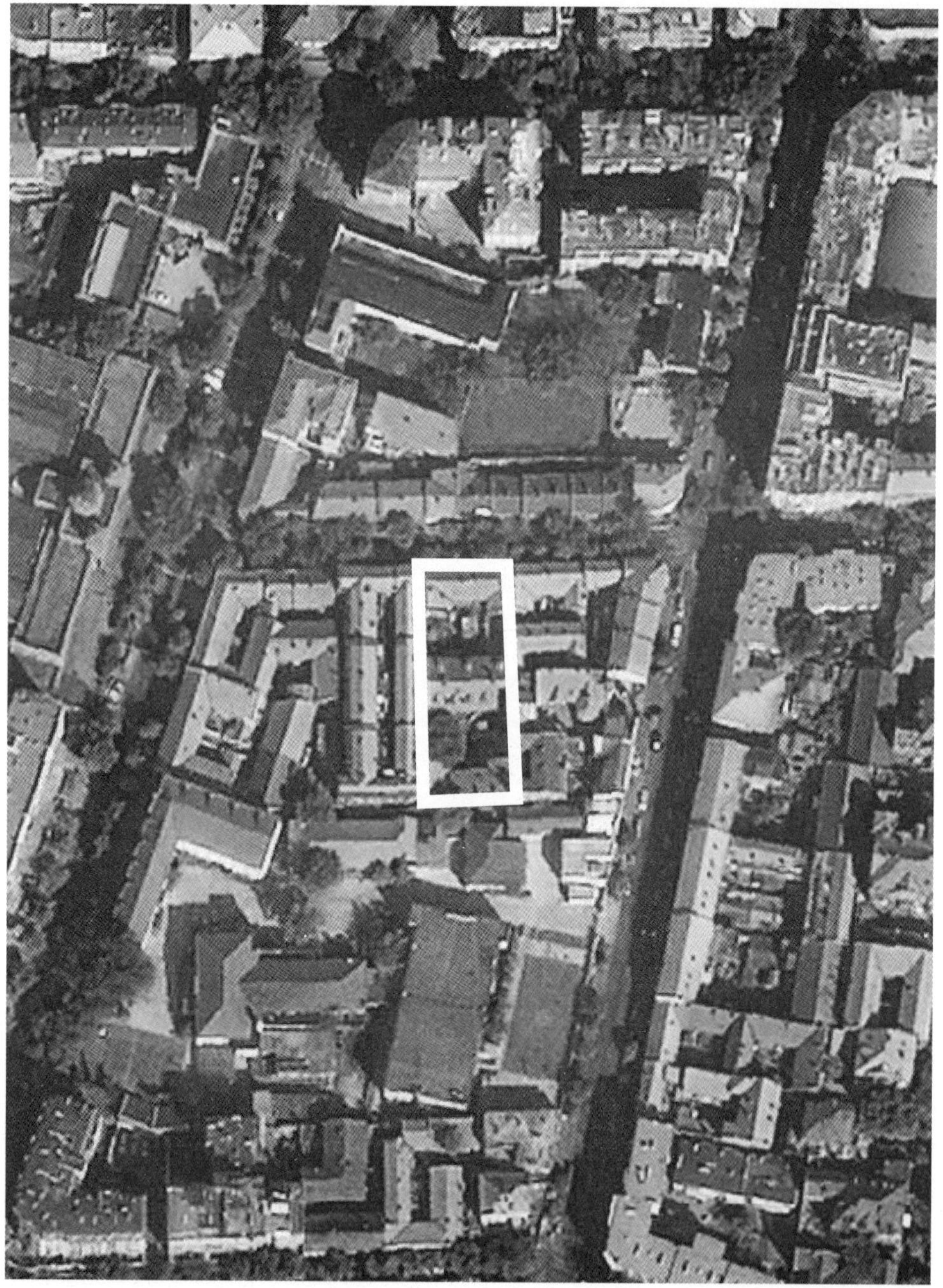

宁波路 22 号位于宁波路南侧，占地面积 1020 平方米，是一个矩形的院落，分南、北两进院落。立面为土黄色，材质为水泥砂浆，内部走廊采用水泥砌筑，里院主体采用砖混结构。

在北院内从南侧二层外廊向北看

在南院院内从北向南看

在南院从南侧二层外廊向北看

在南院院内从南向北看

36. 宁波路 27 号

宁波路 27 号位于宁波路北侧，占地面积 1250 平方米，是一个五边形的院落。立面为土黄色，材质为水泥砂浆，内部走廊采用水泥砌筑，里院主体采用砖混结构。

站在宁波路 27 号南侧入口处四层外廊向东北方向看

站在院内南侧五层外廊向北看北侧五层局部

站在院内北侧三层外廊向南看

站在院内南侧四层外廊向东北看

站在院内北侧三层外廊向东看

站在甘肃路宁波路交汇处看宁波路 27 号东南角

站在院内南侧四层外廊上向北看

37. 宁波路 28 号

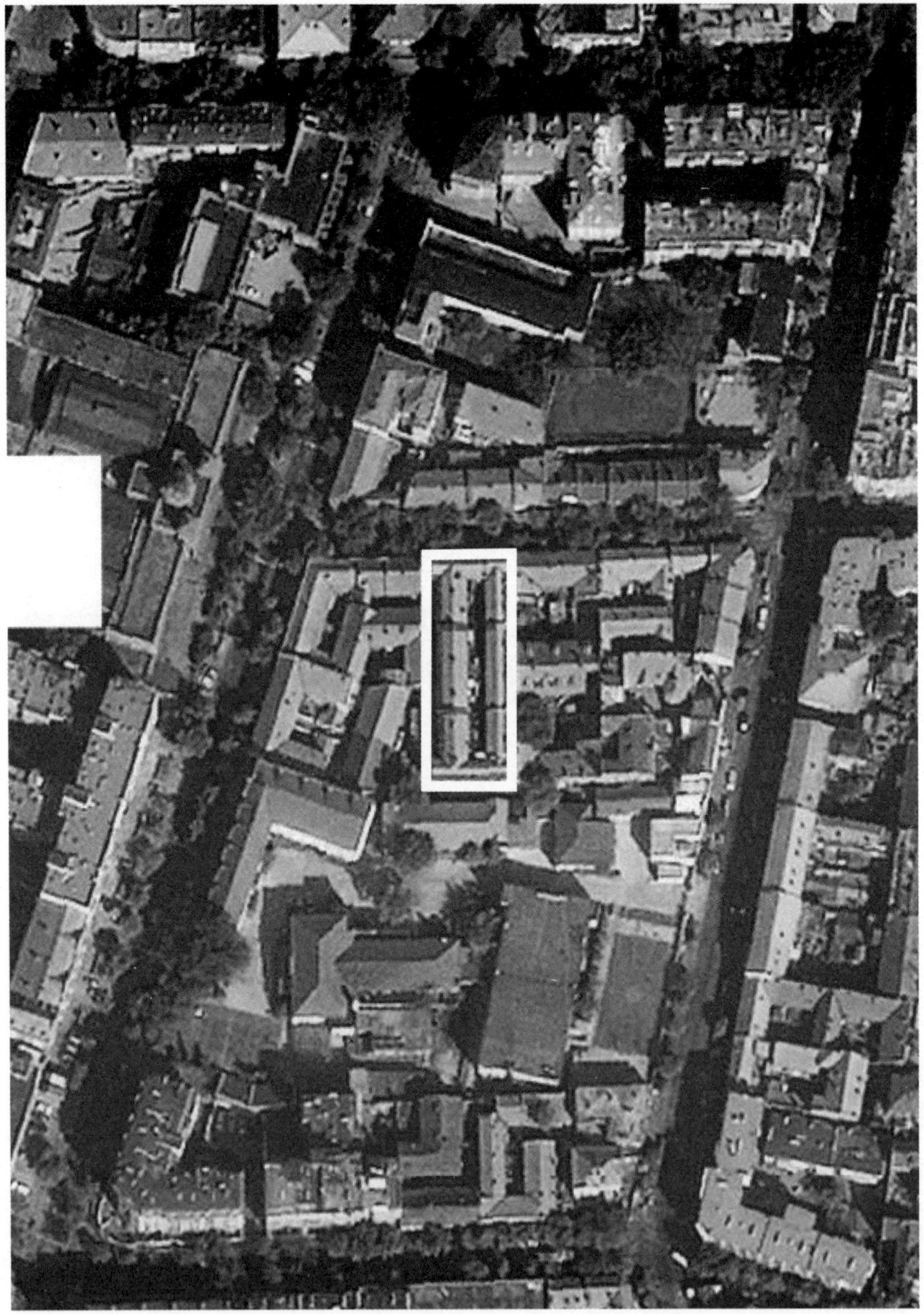

宁波路 28 号位于宁波路南侧，占地面积 780 平方米，是一个矩形的院落。立面为土黄色，材质为面砖，内部走廊采用水泥与木结合，里院主体采用砖混结构。

在中院从三层中部连廊自南向北看

在南院从通廊看向南侧尽头

从入口三层外廊自北向南看

在中院二层连廊自西向东看通道

从宁波路自北向南看入口立面

在中院三层连廊自北向南看尽头

38. 宁波路 37 号

宁波路 37 号位于宁波路北侧，占地面积 600 平方米，是一个矩形的院落。立面为灰色，材质为水泥砂浆，内部走廊采用水泥砌筑，里院主体采用砖混结构。

从幼儿园北侧高台处看向西南

从幼儿园操场内向南看南侧二层外廊

从院内自北向南看

站在院内由西向东看

39. 宁波路 38 号

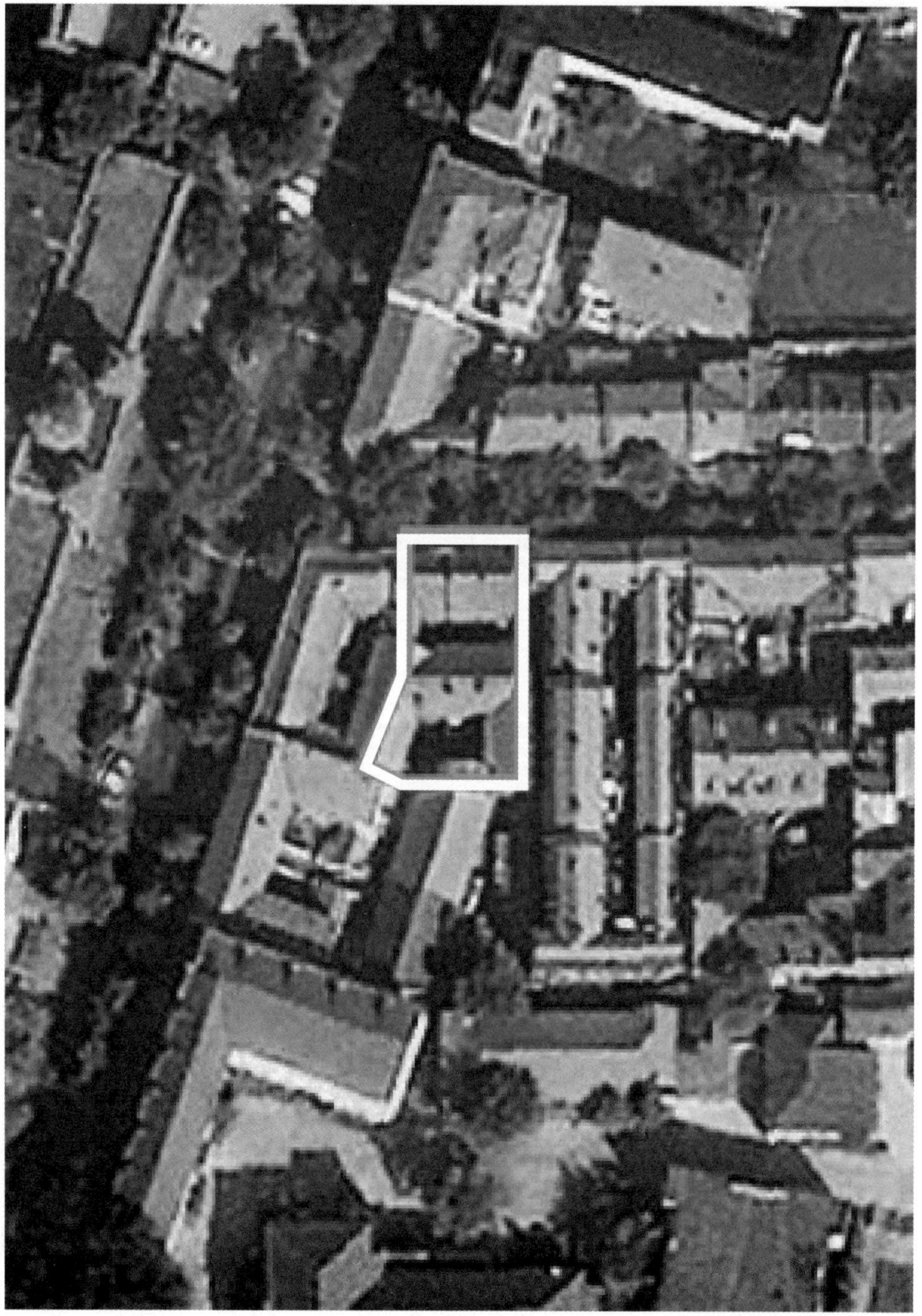

宁波路 38 号位于宁波路南侧，占地面积 1110 平方米，是一个近似矩形的院落，分南、北两进院落。立面为土黄色，材质为水泥砂浆，内部走廊采用水泥砌筑，里院主体采用砖混结构。

从宁波路自北向南看向入口立面

在北院从北侧二层外廊向南看

在北院从南侧二层外廊向北看

站在北院从南侧二层外廊向北看

在南院从西向东看

在北院从入口处自北向南看

在南院从北向南看南侧楼梯

在北院从西向东看楼梯

在北院从北侧二层楼梯梯段向下看楼梯平台

40. 宁波路 42 号

宁波路 42 号位于宁波路南侧，占地面积 416 平方米，是一个近似矩形的院落。立面为灰白色，材质为水泥抹灰，内部走廊采用木质结构，里院主体采用砖混结构。

从院内入口处自南向北看主楼梯

从院西侧二层外廊向东看

从楼梯中央梯段自南向北看

院二层外廊局部

院内二层外廊部分

东侧二层外廊向西看

从二层外廊北部向南看

41. 馆陶路 17 号

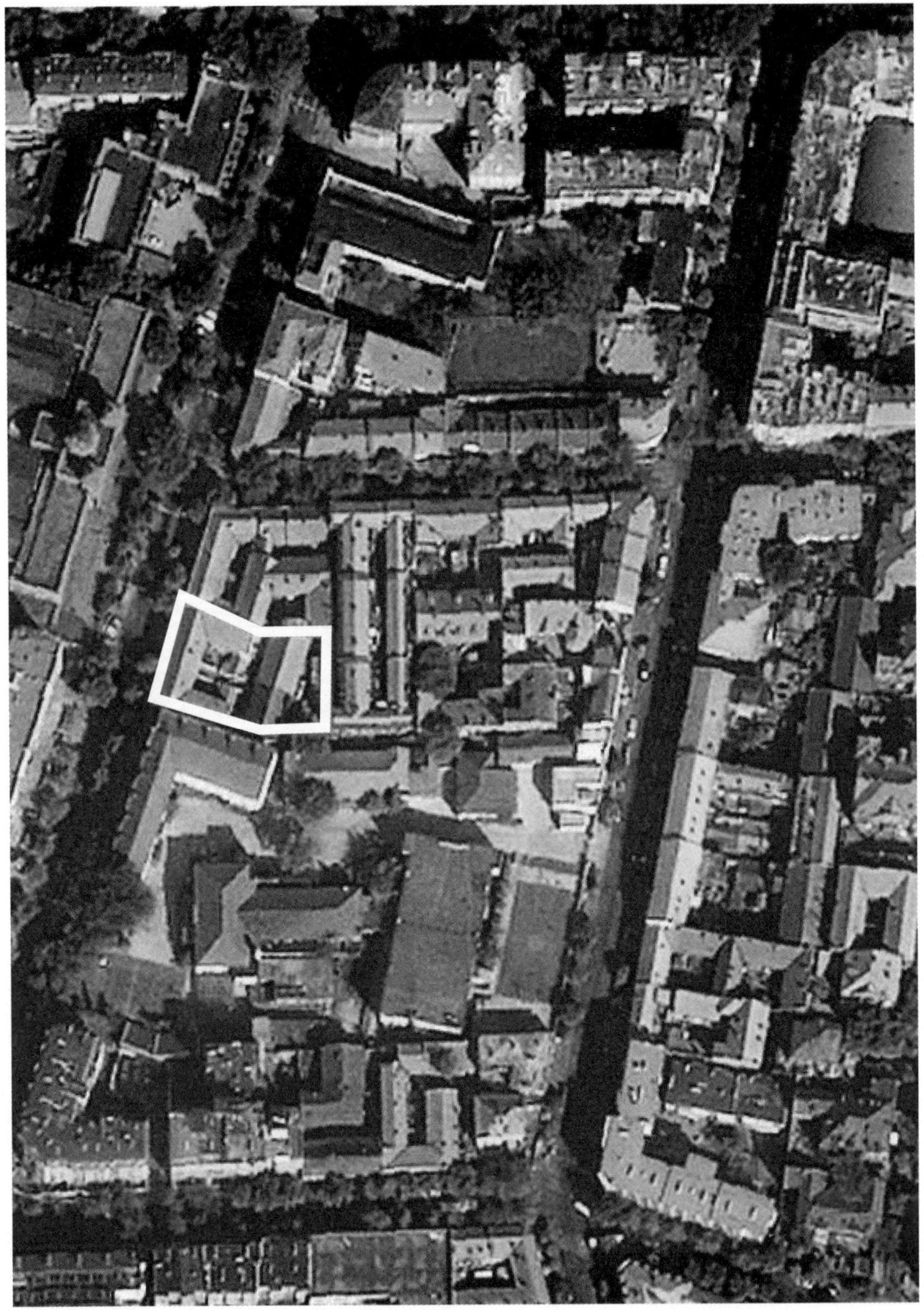

馆陶路 17 号位于馆陶路东侧，占地面积 1265 平方米，是一个近似矩形的院落，分南，北两进院落。立面为白色，材质为水泥抹灰，内部走廊采用水泥与木质结构，里院主体采用砖混结构。

从南院二层外廊向北看

从北院二层外廊向南看

从入口处二层外廊向东南看

从入口处两院中间路看向北院东侧走道

从入口处两院中间路看向东侧入口

从东院自北向南看

从南院二层向北看北院二层

42. 馆陶路 31 号

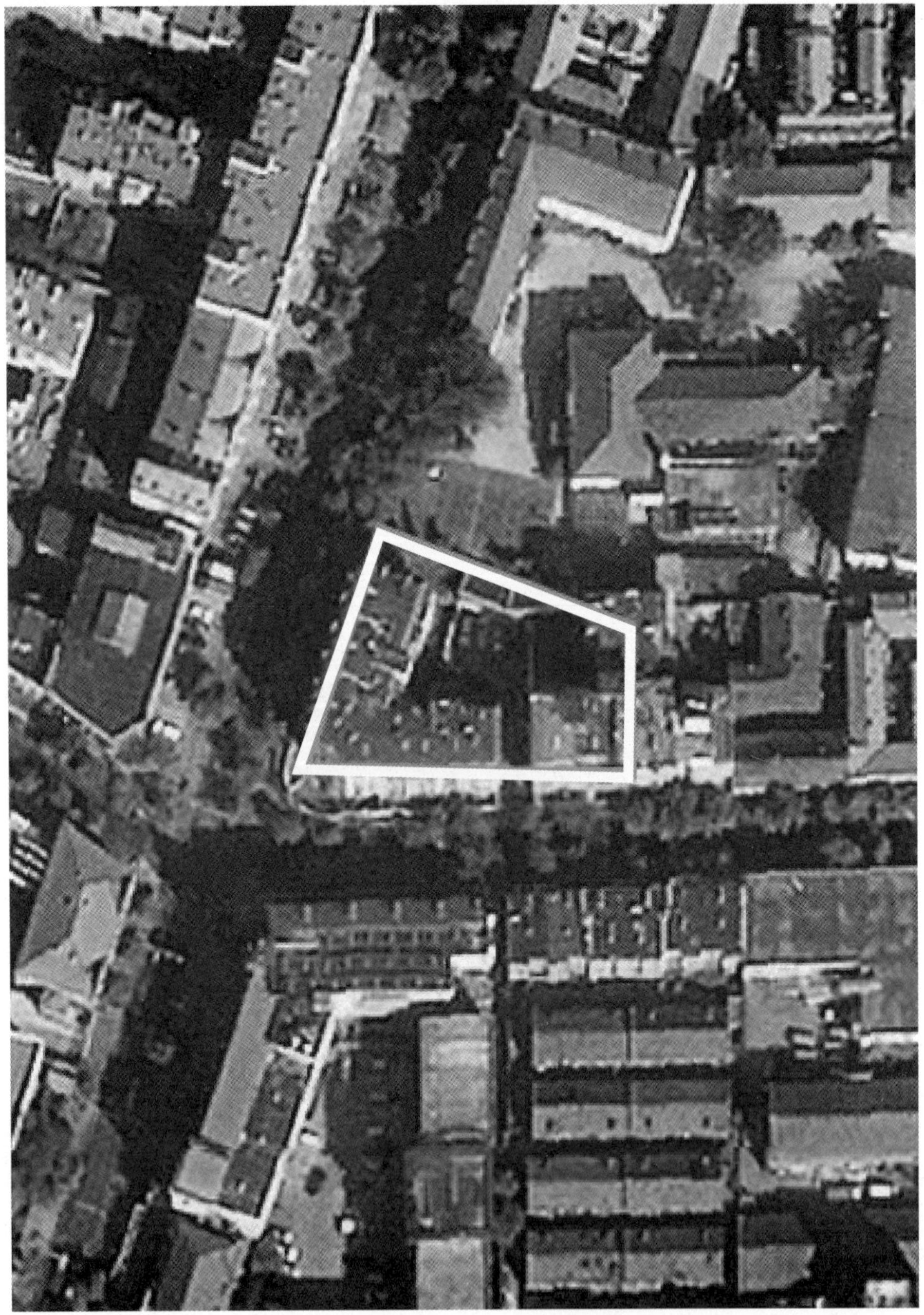

馆陶路 31 号位于馆陶路东侧，占地面积 1323 平方米，是一个不规则四边形的院落。立面为灰白色，材质为水泥抹灰，内部走廊采用水泥与木质结构，里院主体采用砖混结构。

从南二层外廊向北看

从院内中央自北向南看

从入口处院西侧楼梯平台上向东看

从院内东端自东向西看院中一层建筑

从院内中北部楼梯梯段上自北向南看南侧二层外廊局部

从南二层外廊西端向东看

从南二层外廊向北看局部

从院中央自南向北看北楼梯

43. 陵县路 7 号

陵县路 7 号位于陵县路东侧，占地面积 552 平方米，是一个矩形的院落。立面为土黄色，材质为水泥抹灰，内部走廊采用水泥与木质结构，里院主体采用砖混结构。

在东院南向入口处自南向北看

在东院从北侧二层外廊向南看

进入院内自东向西看

44. 陵县路 31 号

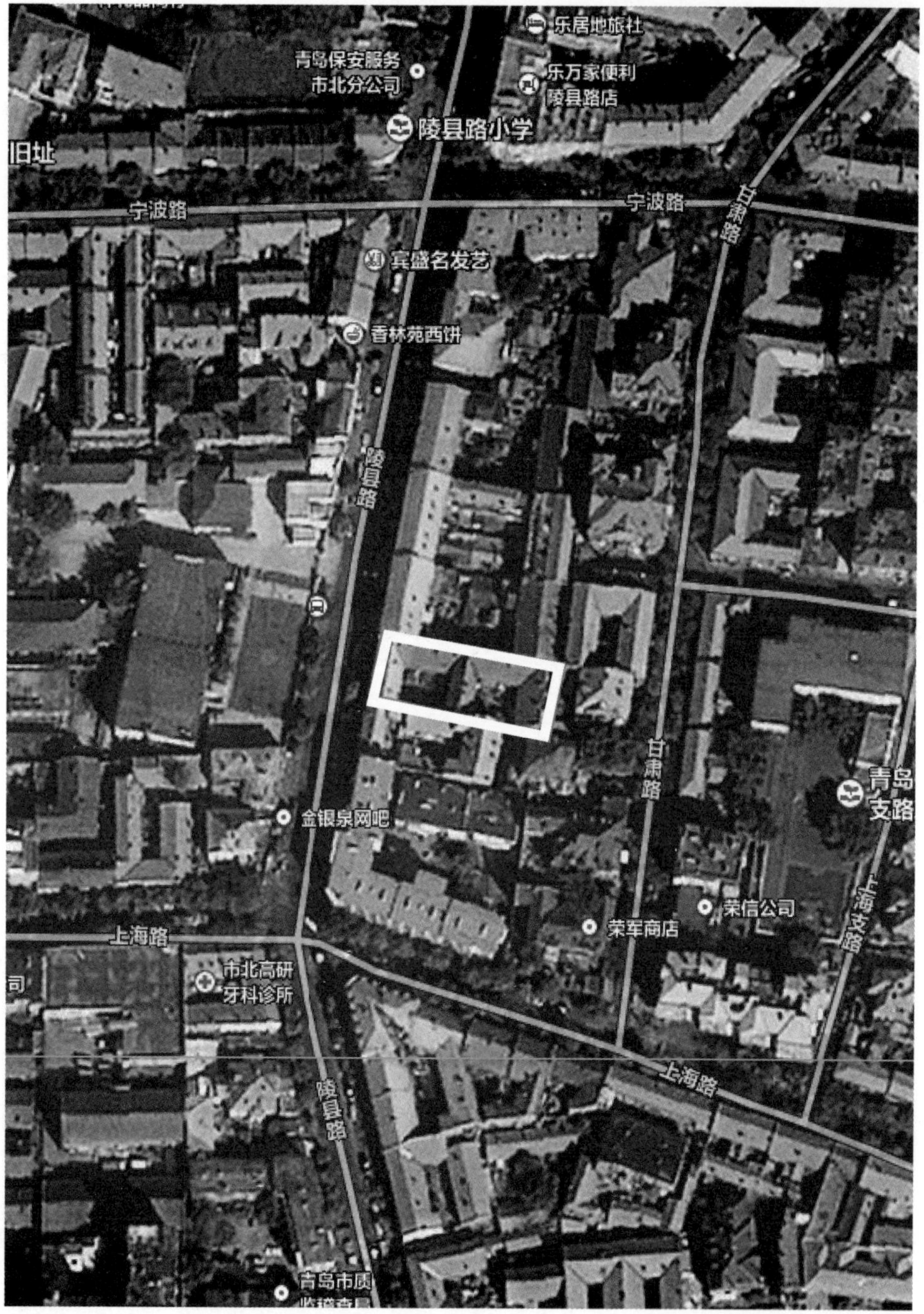

陵县路 31 号位于陵县路东侧，占地面积 630 平方米，是一个矩形的院落，由东西两个小院落组成。立面为土黄色，材质为水泥砂浆，内部走廊采用水泥与木质结构，里院主体采用砖混结构。

在西院从东侧二层外廊向西看

在西院从南向北看

在东、西院通廊从东向西看

在西院从北侧二层外廊向南看

在西院从西侧二层外廊向东看

在东、西院之间通廊自西向东看

在西院从入口向南看

45. 陵县路 43 号及 45 号

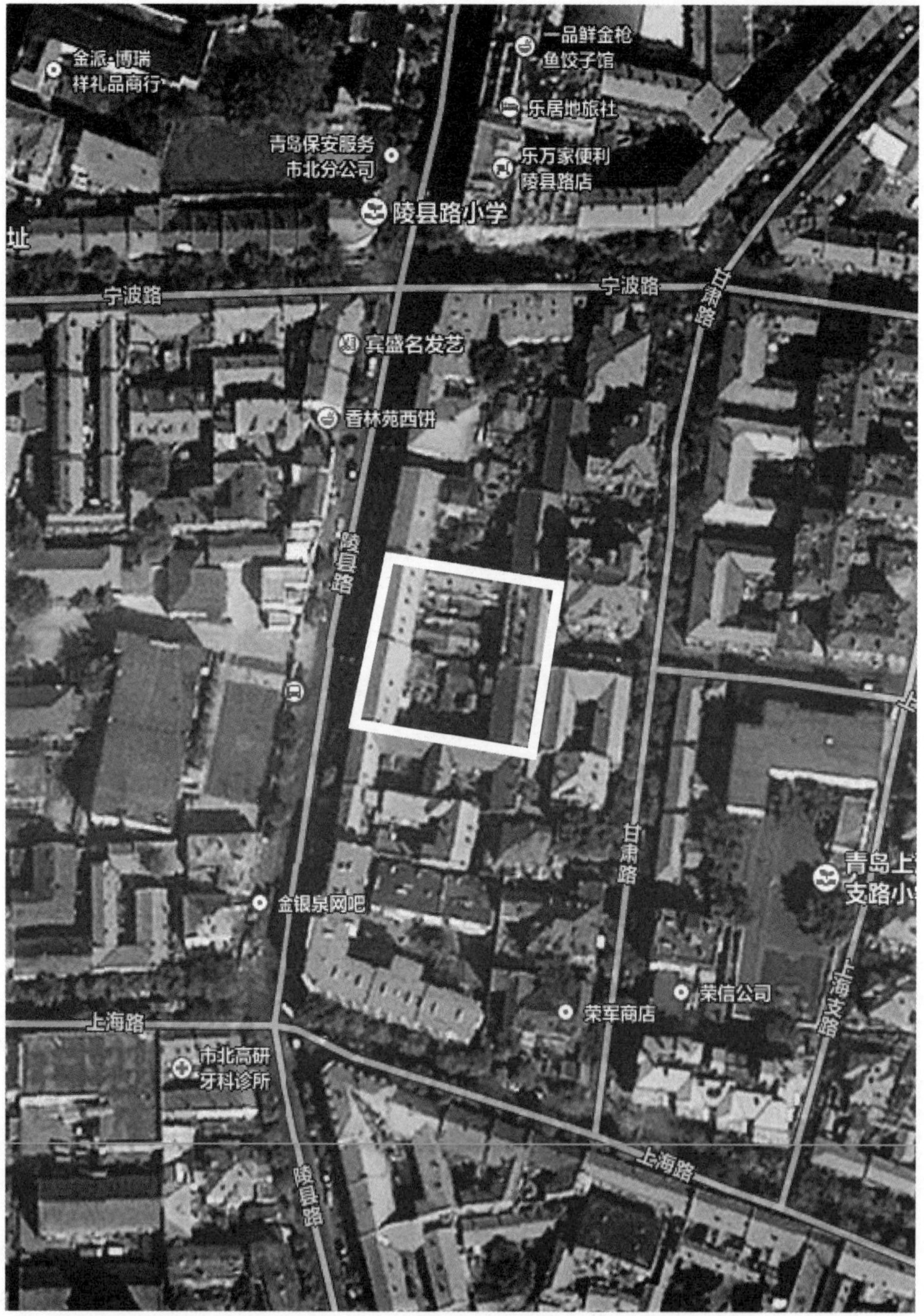

陵县路 43 号及 45 号位于陵县路东侧，占地面积1680平方米，是一个矩形的院落，分南、北两院。立面为土黄色，材质为水泥砂浆，内部走廊采用水泥与木质结构，里院主体采用砖混结构。

从东侧屋顶看向西侧院内

在北院从北侧二层外廊向南看南院

在北院从北侧三层外廊西端向东看

在北院从东侧二层外廊向西看

从南院院内自西向东看

从北院东侧楼梯自南向北看

在北院北侧二层外廊自西向东看

46. 陵县路 49 号

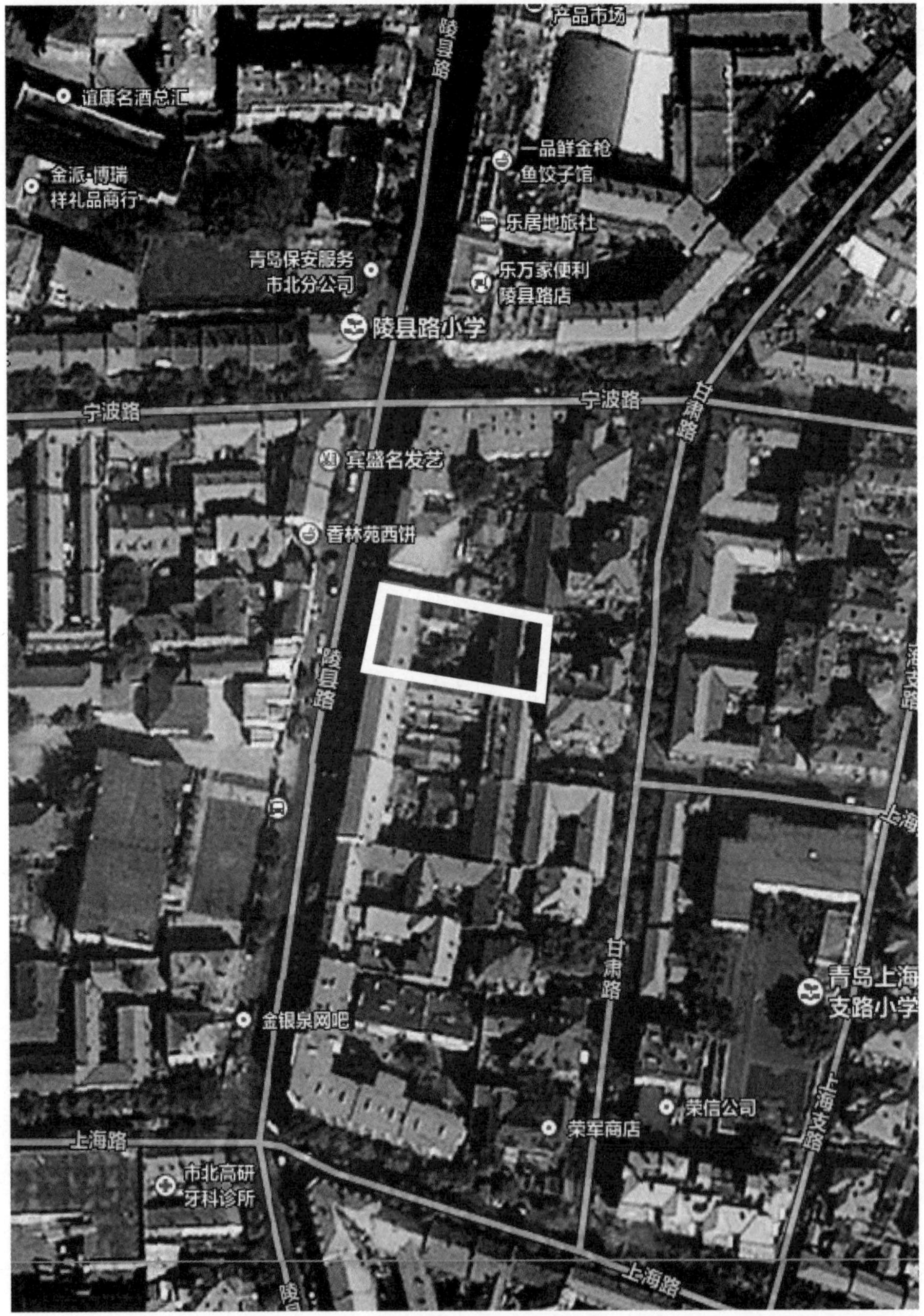

陵县路 49 号位于陵县路东侧，占地面积 820 平方米，是一个矩形的院落。立面为土黄色，材质为水泥砂浆，内部走廊采用水泥砌筑结构，里院主体采用砖混结构。

从二层东北角向西南方向看

从东侧二层外廊向西看

从东侧二层外廊向东北方向看

从东侧二楼楼梯平台向西看

在院内从西向东看一层东侧门

从北侧二层外廊向南看

从东面楼梯上向下看

47. 武定路 4 号

武定路 4 号位于上海路与吴淞路交界处西侧，占地面积 420 平方米，是一个近似矩形的院落。立面为土黄色，材质为水泥砂浆，内部走廊采用水泥与木质结构，里院主体采用砖混结构。

站院内北侧外墙向东看

站院内看楼梯与外廊

窗口向外看

48. 武定路 5-7 号

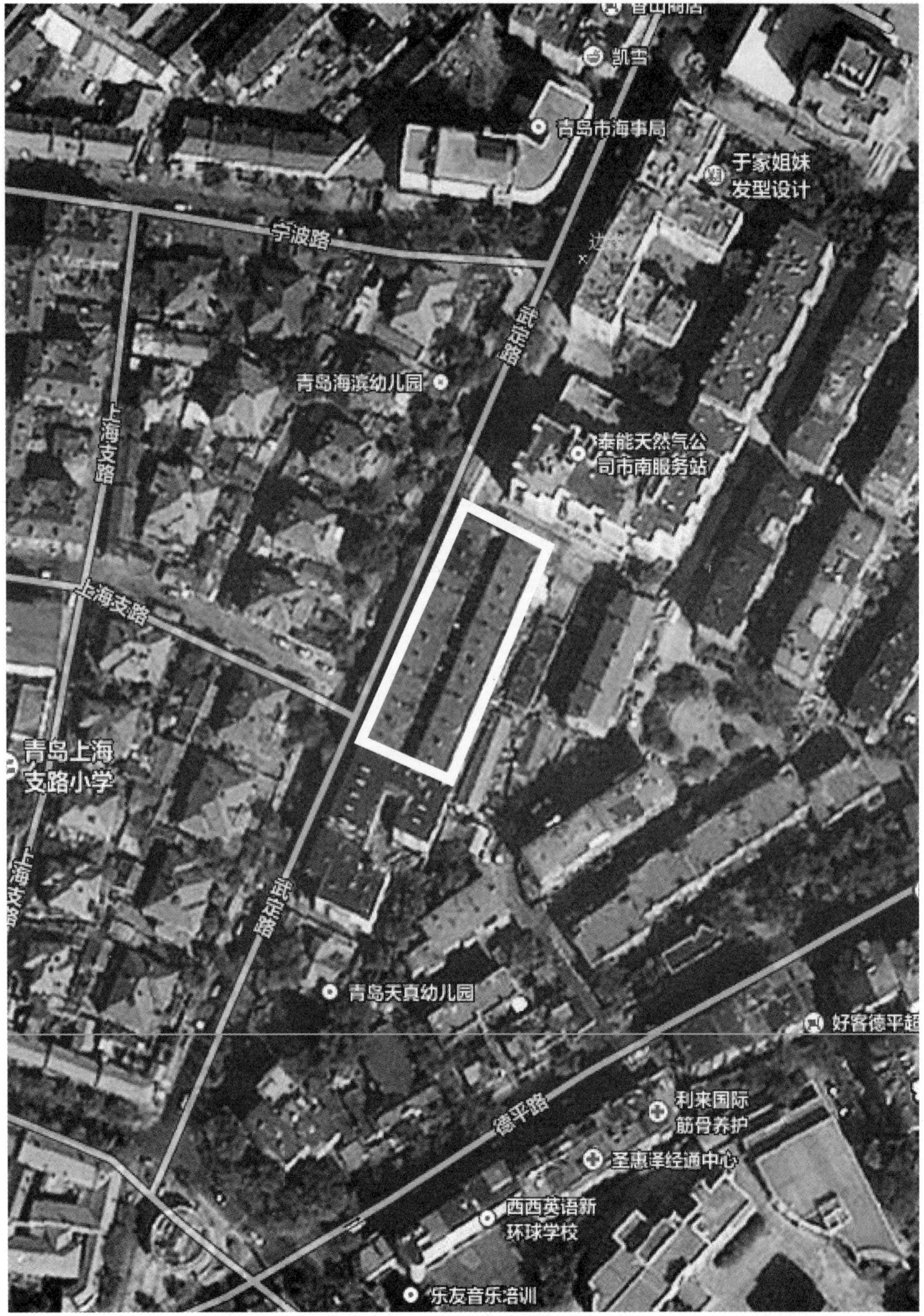

武定路 5-7 号位于武定东侧，占地面积约 1200 平方米，是一个矩形的院落。里院主体采用砖混结构。

站在院内正中最高的楼梯连廊上向南看

站在院内中央的楼梯向对面观看

具有高差的走廊

站在院内中央的楼梯旁向北看

院内入院右侧上一步台阶向北看

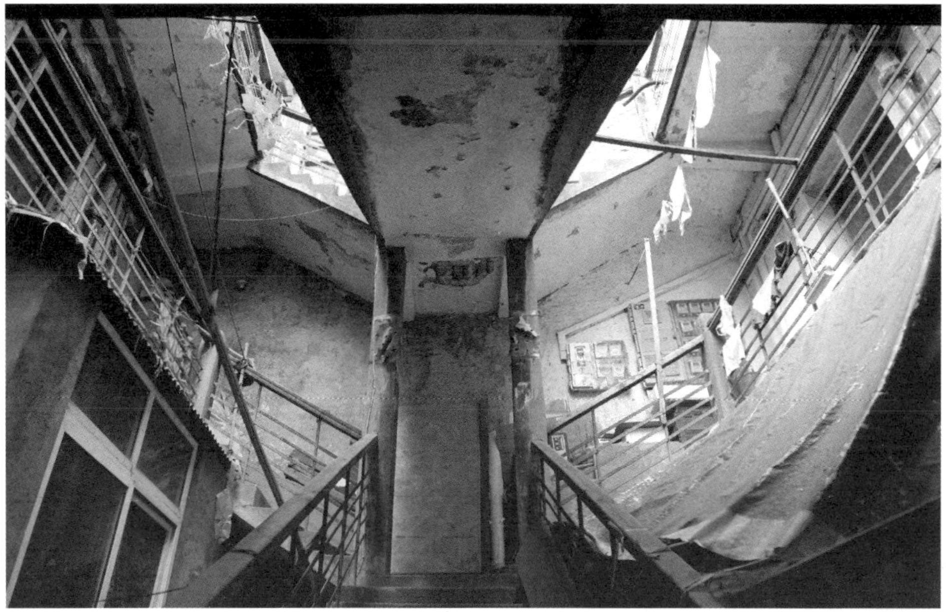

北墙一层至二层的楼梯

站在正中西侧三层楼梯口向下向东看中央的楼梯

站在中行的楼梯旁向东侧看

49. 上海路 18 号

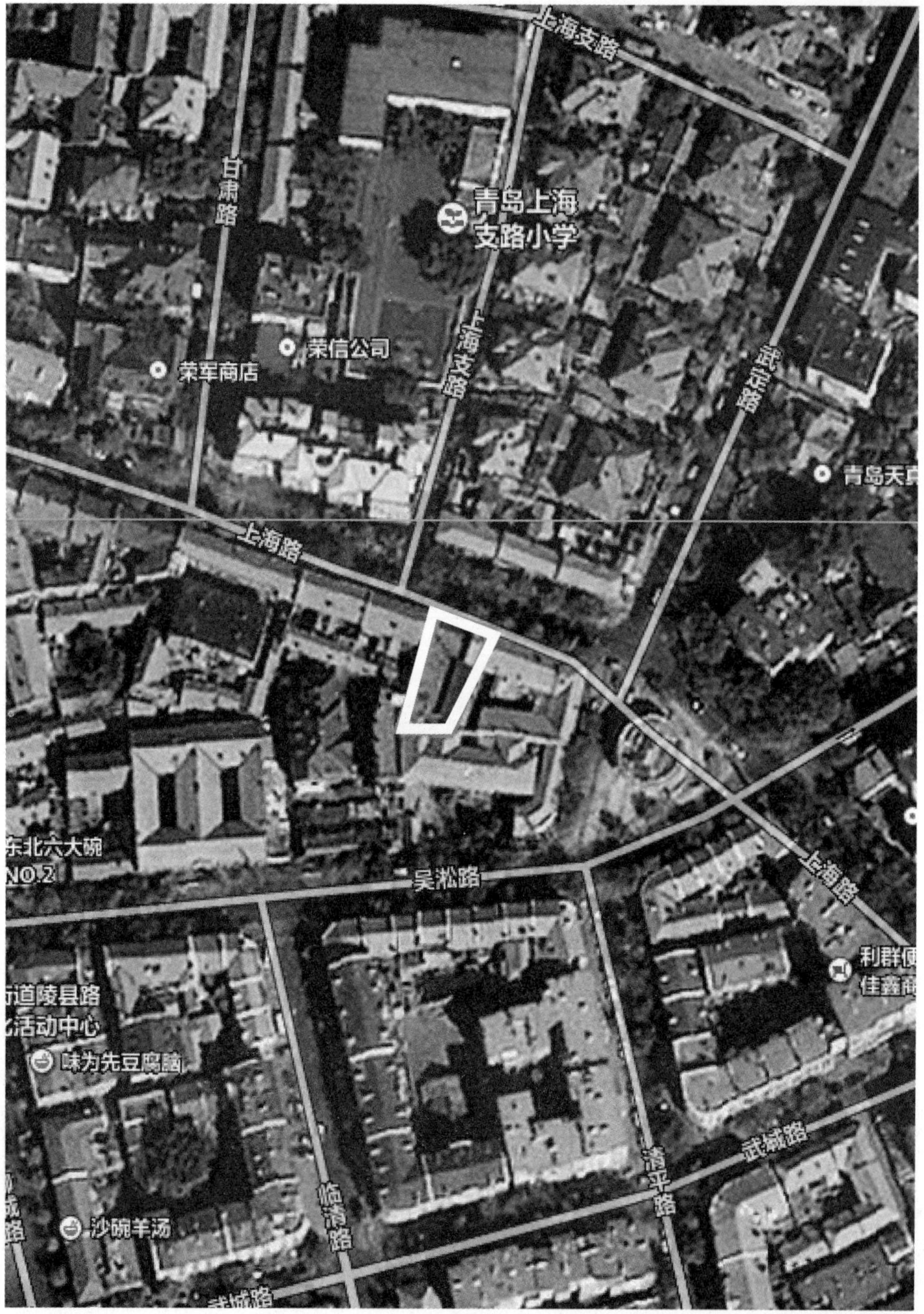

位于上海路南侧，占地面积约 264 平方米，是一个近似矩形的院落。立面为灰色，内部走廊采用木质结构,里院主体采用砖混结构。

站在院内东侧向西看

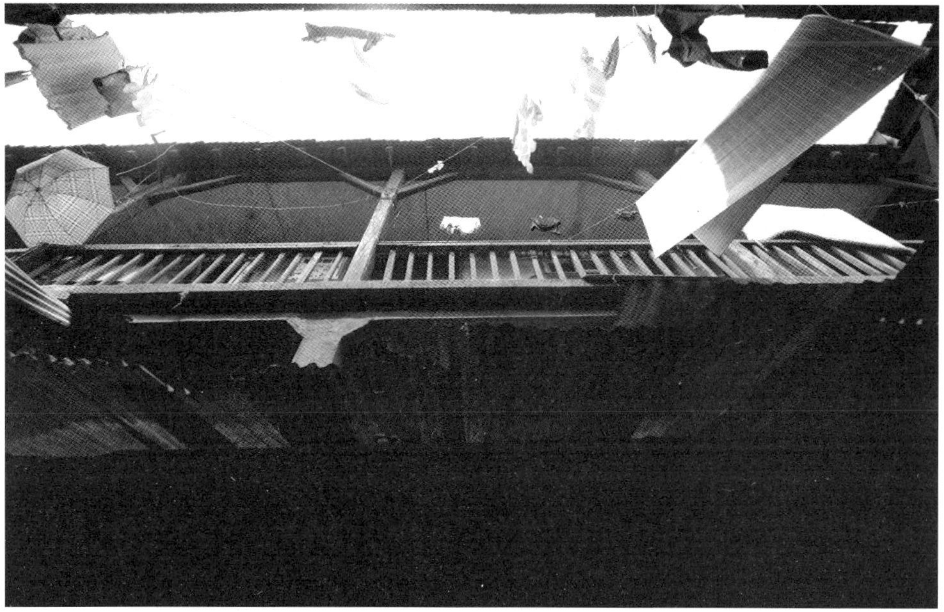

站在院内看向北侧二层外廊

站在院内东侧向西看

50. 上海路20号、22号、24号、26号

上海路20号、22号、24号、26号位于上海路南侧，占地面积约450平方米，是一个矩形的院落。立面为灰色，内部走廊采用木质结构，里院主体采用砖混结构。

站在 26 号院内北侧向南看

站在院内西侧向东看

站在上海路 26 号院由南侧二层外廊向北看

站在院内向北看

站在上海路 24 号院内由东向西看

站在 26 号院内西侧楼梯上向东看

51. 上海路 28 号

位于上海路南侧，占地面积约 918 平方米，是一个五边形的院落。立面为灰色，内部走廊采用木质结构，里院主体采用砖混结构。

站在院内由西向东看

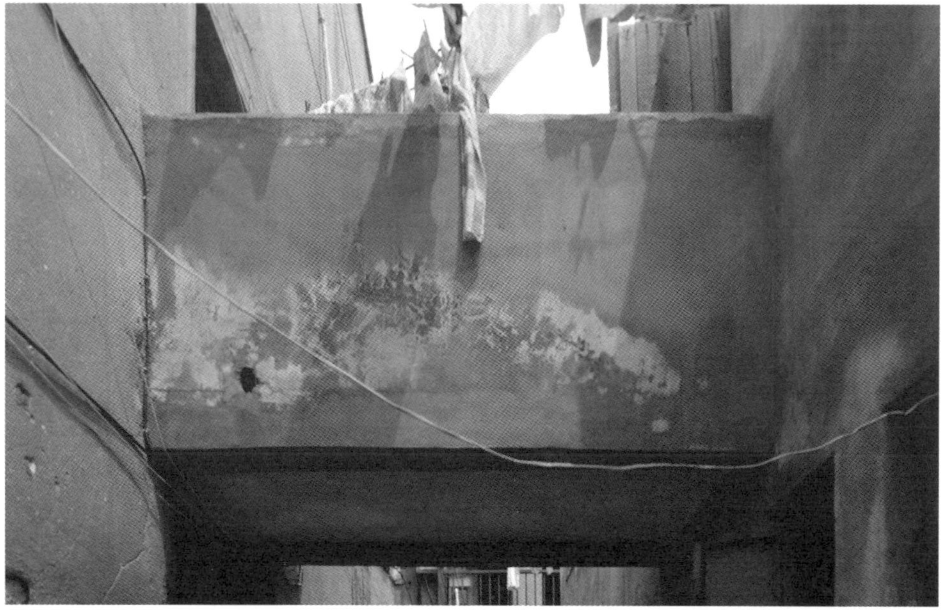

站在院内南侧看向北入口

上海路 28 号院内楼梯

52. 上海路 32 号

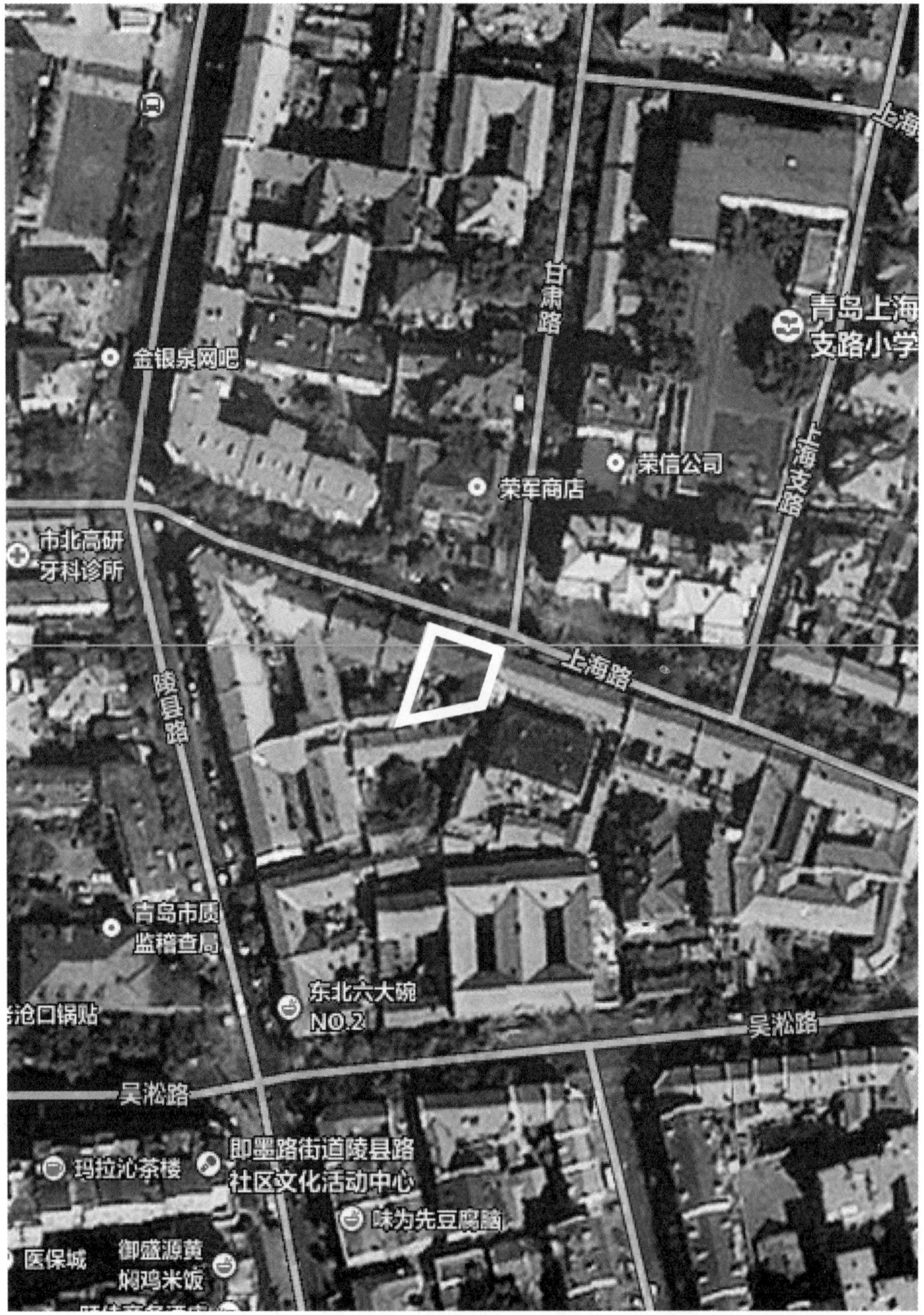

位于上海路南侧，占地面积约 150 平方米，是一个四边形的院落。内部走廊采用木质结构，里院主体采用砖混结构。

站在东侧二层外廊向下向西看

站在院内由东向西看

站在院内由北向南看

53. 上海路 42 号

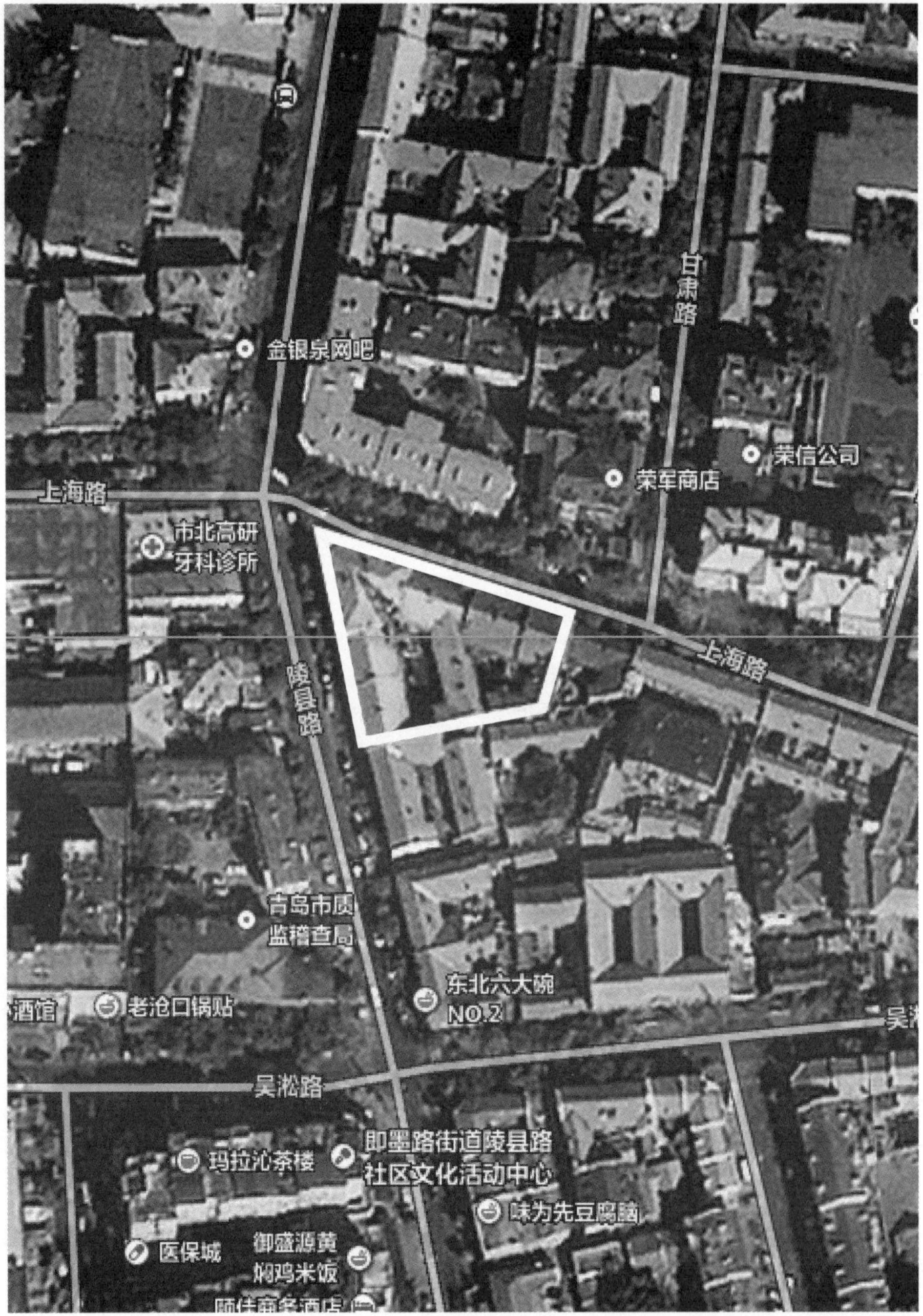

位于上海路上海路与陵县路交叉口东南侧，是一个四边形的院落。里院主体采用砖混结构。

站在南侧三层外廊上向北看

站在北四层阁楼上由北向南看

站在北侧二层外廊由北向南看

站在西北角三至四层楼梯上由南向北看

站在西北角楼梯平台三层向东看

站在院内由东向西看

站在二层西北角由西北向东北看

站在院内西侧中部底层向北看中部楼梯

54. 上海路 51 号

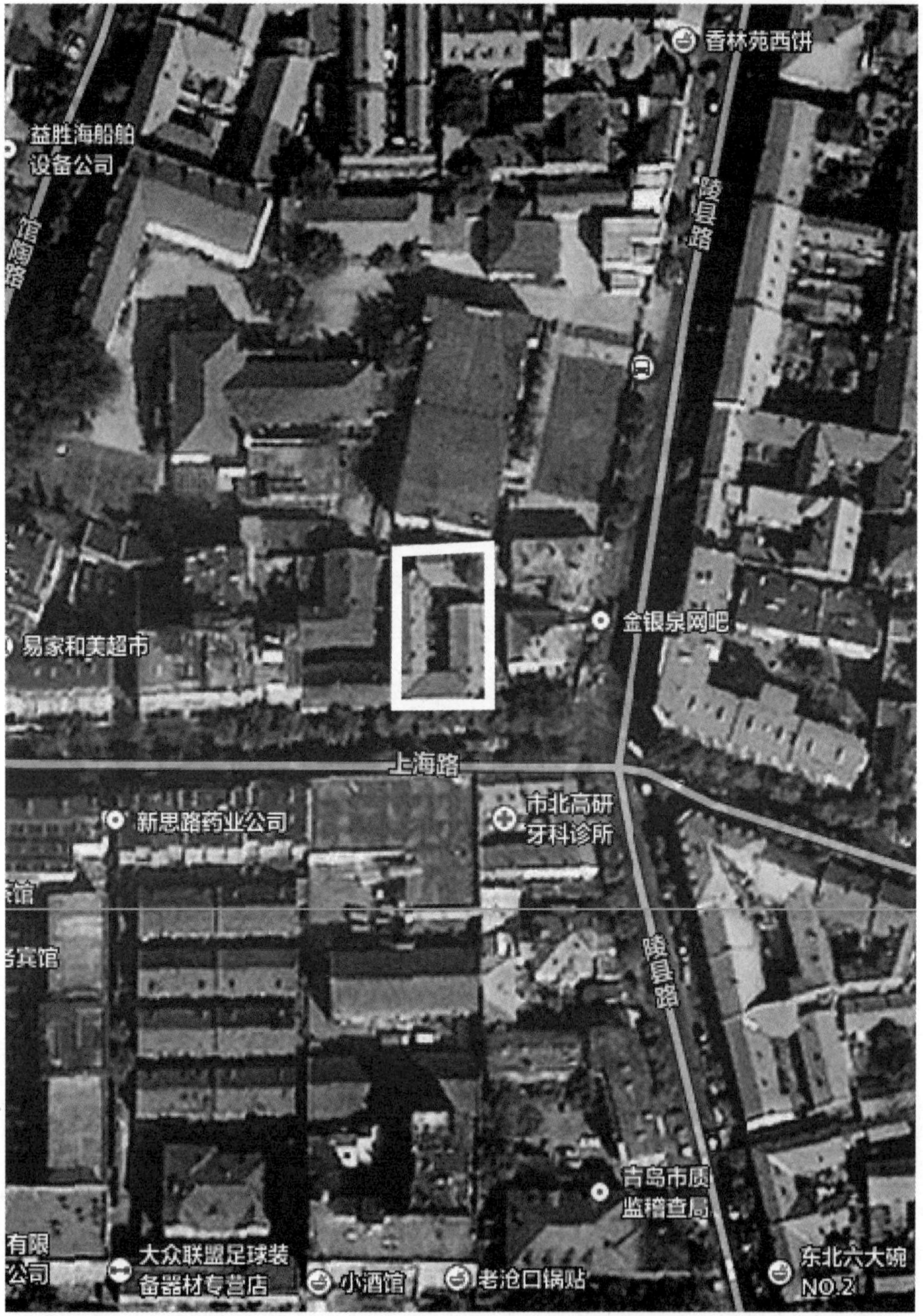

位于上海路北侧，占地面积约 480 平方米，是一个四边形的院落。内部走廊采用木质结构，里院主体采用砖混结构。

在院中央向西北看主楼梯

在入口处自南向北看院内

在北侧二层外廊向南看楼梯和入口处

55. 上海路 54 号

上海路 54 号位于上海路南侧，占地面积 483 平方米，是一个近似矩形的院落。立面为土黄色，材质为水泥砂浆，内部走廊采用水泥与木质结构，里院主体采用砖混结构。

从南侧二层外廊向北看

从东侧二层外廊向西看

从入口处向西看西北角楼梯

56. 上海路 55 号

上海路 55 号位于上海路北侧，占地面积 220 平方米，是一个近似矩形的院落。立面为土黄色，材质为石材、砖、涂料，内部走廊采用木质结构，里院主体采用砖混结构。

从入口通道内自北向南看向入口处

从院南侧二层外廊西端向北看

从入口通道内自东向西看院西侧楼梯

从入口通道内自东向西看里院入口

从院南侧二层外廊向北看

从院南侧二层外廊向北看北侧房西端

57. 吴淞路 5 号

吴淞路 5 号位于吴淞路北侧，占地面积 1080 平方米，是一个五边形的院落。立面为灰白色，材质为涂料，内部走廊采用水泥砌筑结构，里院主体采用砖混结构。

从院内西端建筑的西北角向东南看

58. 吴淞路 9 号及 11 号

吴淞路 9 号、11 号位于吴淞路北侧，占地面积 841 平方米，是一个矩形的院落。内部走廊采用水泥与木质结构，里院主体采用砖混结构。

站在 11 号院入口处自南向北看

站在 9 号院自北向南看 2 层

站在 9 号院从入口向北看

59. 吴淞路 15 号、17 号、19 号

吴淞路 15 号、17 号、19 号位于吴淞路北侧，占地面积 1025 平方米，是一个近似矩形的院落。立面为土黄色，材质为石材、水泥抹灰、涂料，内部走廊采用水泥砌筑与木质结构，里院主体采用砖混结构。

站在 17 号院西二层外廊向东看

站在 17 号院入口处自东向西看

60. 吴淞路 46 号

吴淞路 46 号位于吴淞路南侧，占地面积 600 平方米，是一个矩形的院落。立面为灰白色、材质为水泥抹灰，内部走廊采用水泥与木质结构，里院主体采用砖混结构。

从北侧二层外廊向南看

从西侧二层外廊向东看

从院南端自南向北看入口处

61. 吴淞路 50 号

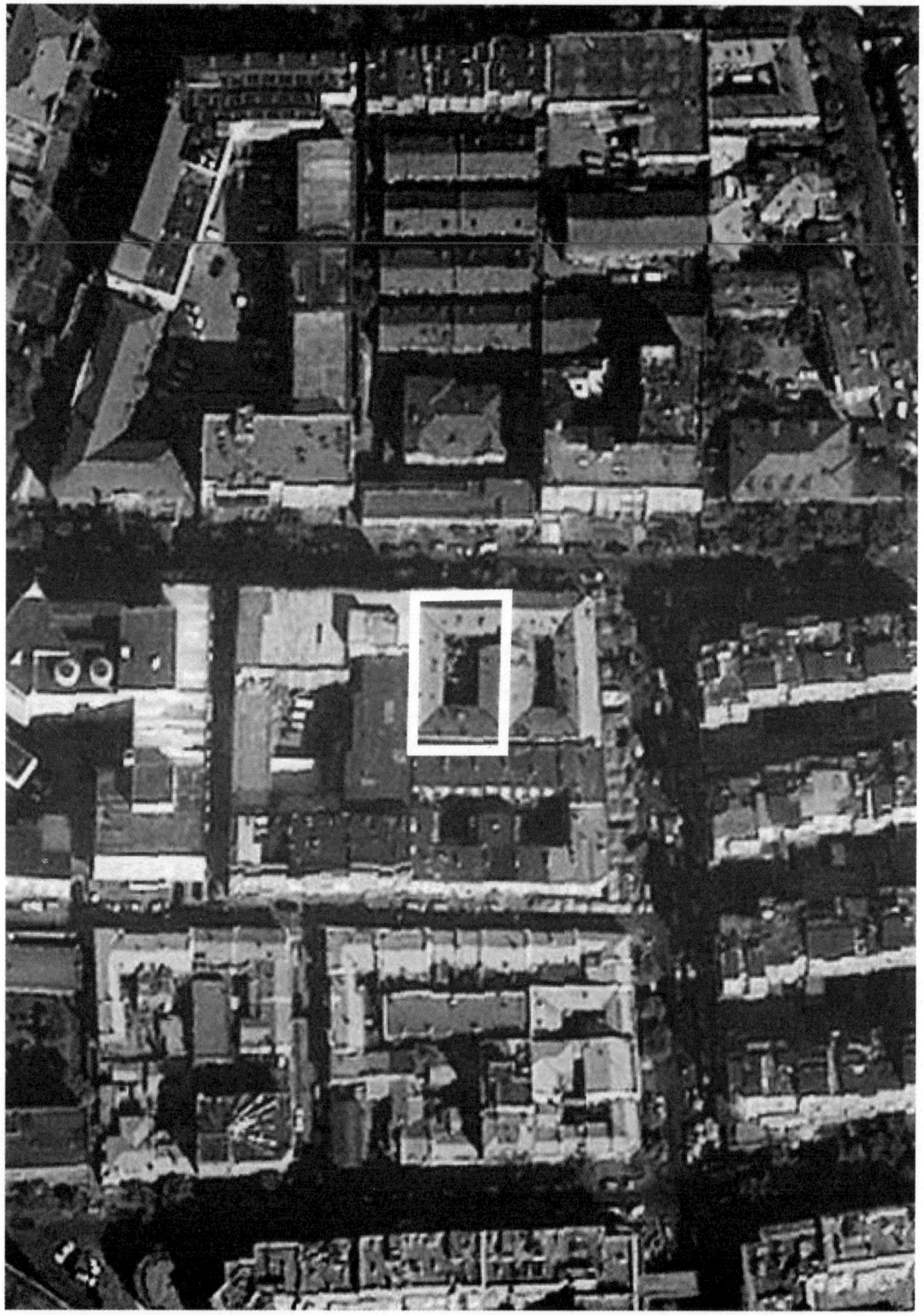

吴淞路 50 号位于吴淞路南侧，占地面积 600 平方米，是一个矩形的院落。立面为淡黄色，材质为涂料，内部走廊采用水泥与木质结构，里院主体采用砖混结构。

从西侧二层外廊向东看

从南侧二层外廊向北看

从东侧二层外廊向西看

从东二层外廊北端向西向下看

62. 东阿路 7 号

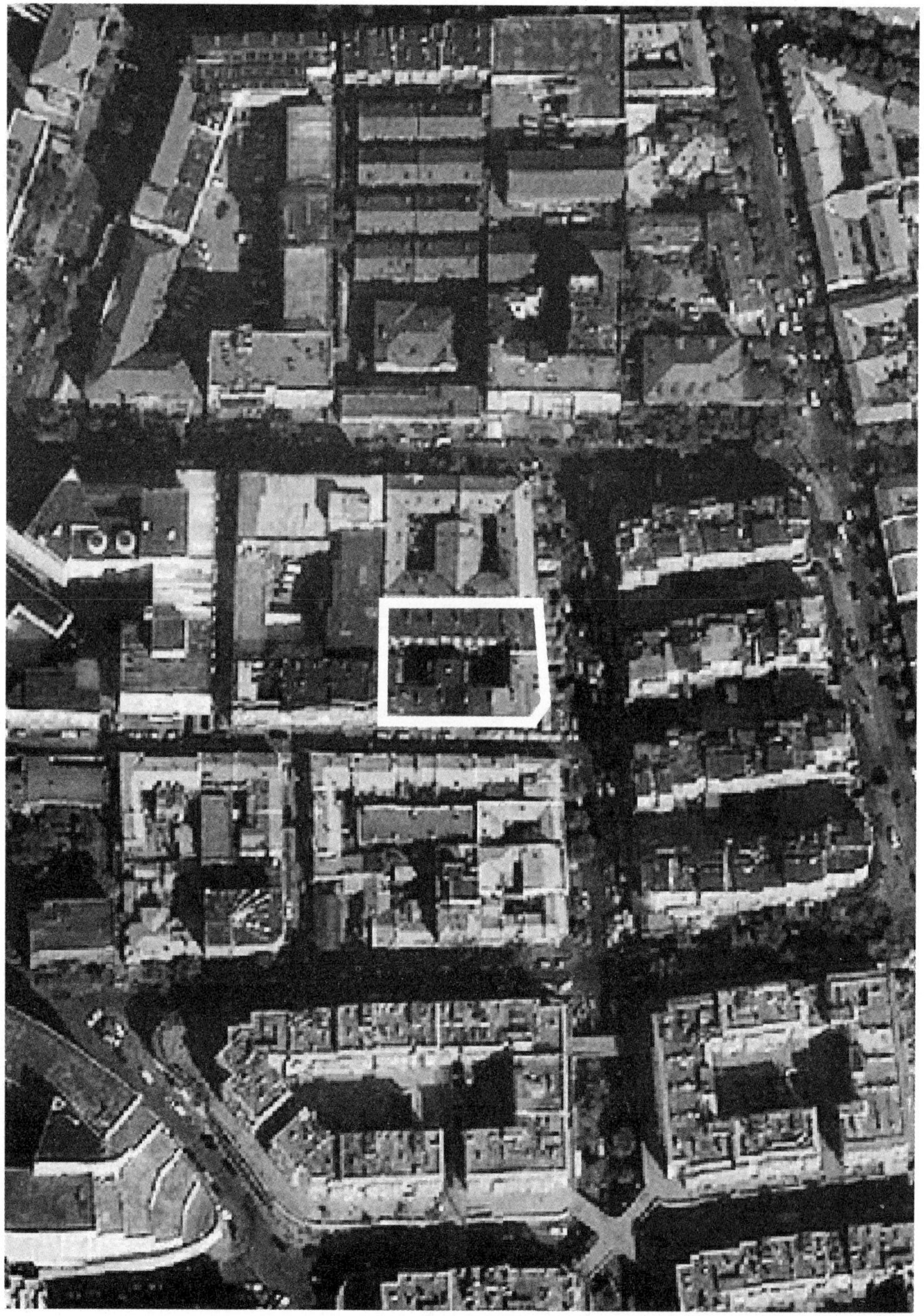

东阿路 7 号位于东阿路北侧，占地面积 1364 平方米，是一个近似矩形的院落。立面为淡黄色，材质为涂料，内部走廊采用水泥砌筑结构，里院主体采用砖混结构。

从院内东端自西向东看东侧入口处

63. 市场一路 37 号
及东阿路 2-12 号

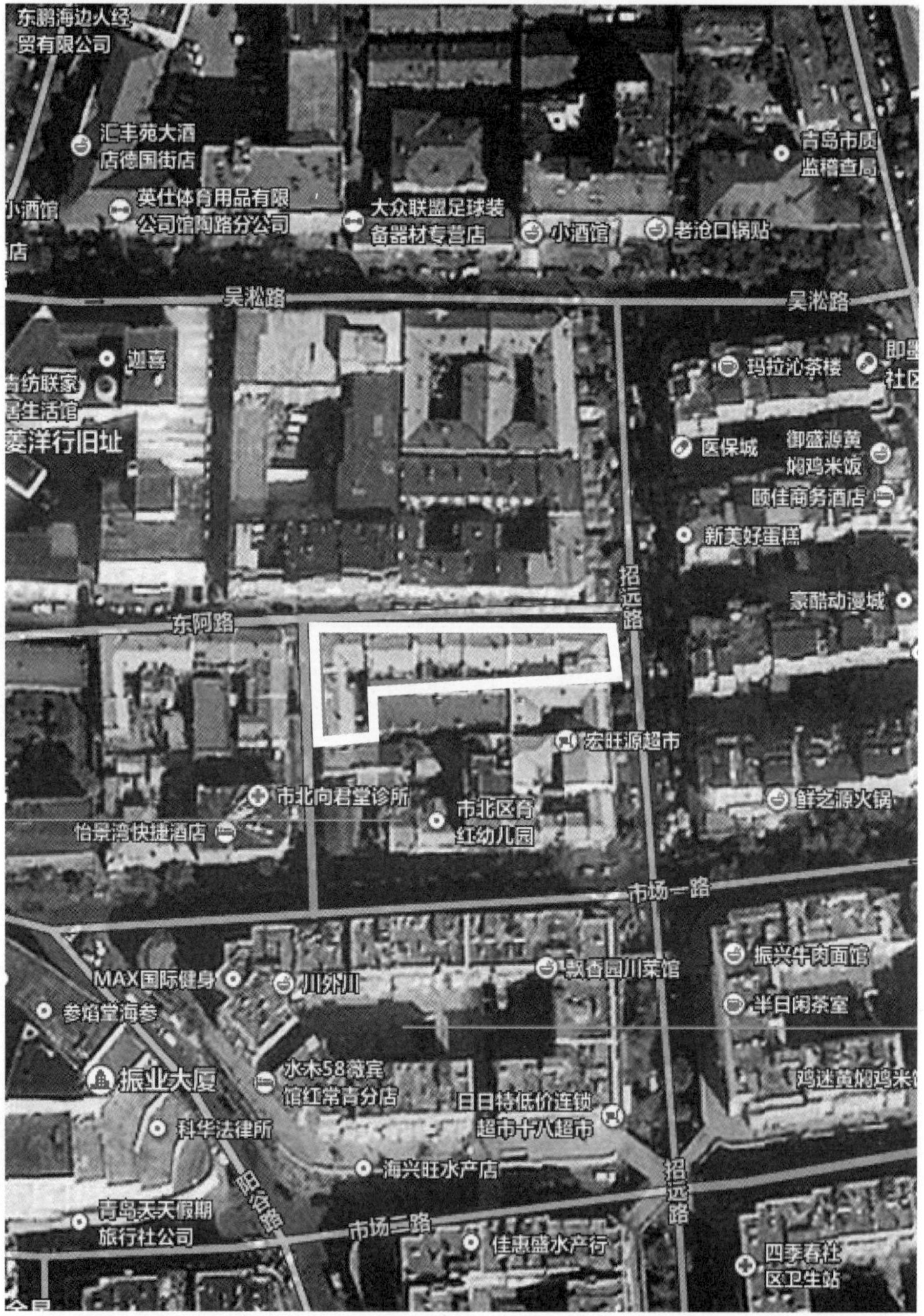

市场一路 37 号及东阿路 2-12 号位于东阿路南侧，占地面积 948 平方米，是一个 L 形的院落。立面为淡黄色，材质为涂料，内部走廊采用水泥砌筑结构，里院主体采用砖混结构。

从东阿路自西北向东南看

从市场路 37 号东入口进入一层在入口北侧自西向东看厕所

站在东阿路 12 号院内自南向北看入口处

站在 2 号院首层连廊上向西看

站在 2 号院西端自西向东看

站在 2 号院东端底部向西北看入口处的台阶

站在 2 号院西侧二层外廊自西向东看

站在 2 号院西侧二层连廊自西向东看

站在 12 号院内自南向北看二层

64. 市场一路 45 号

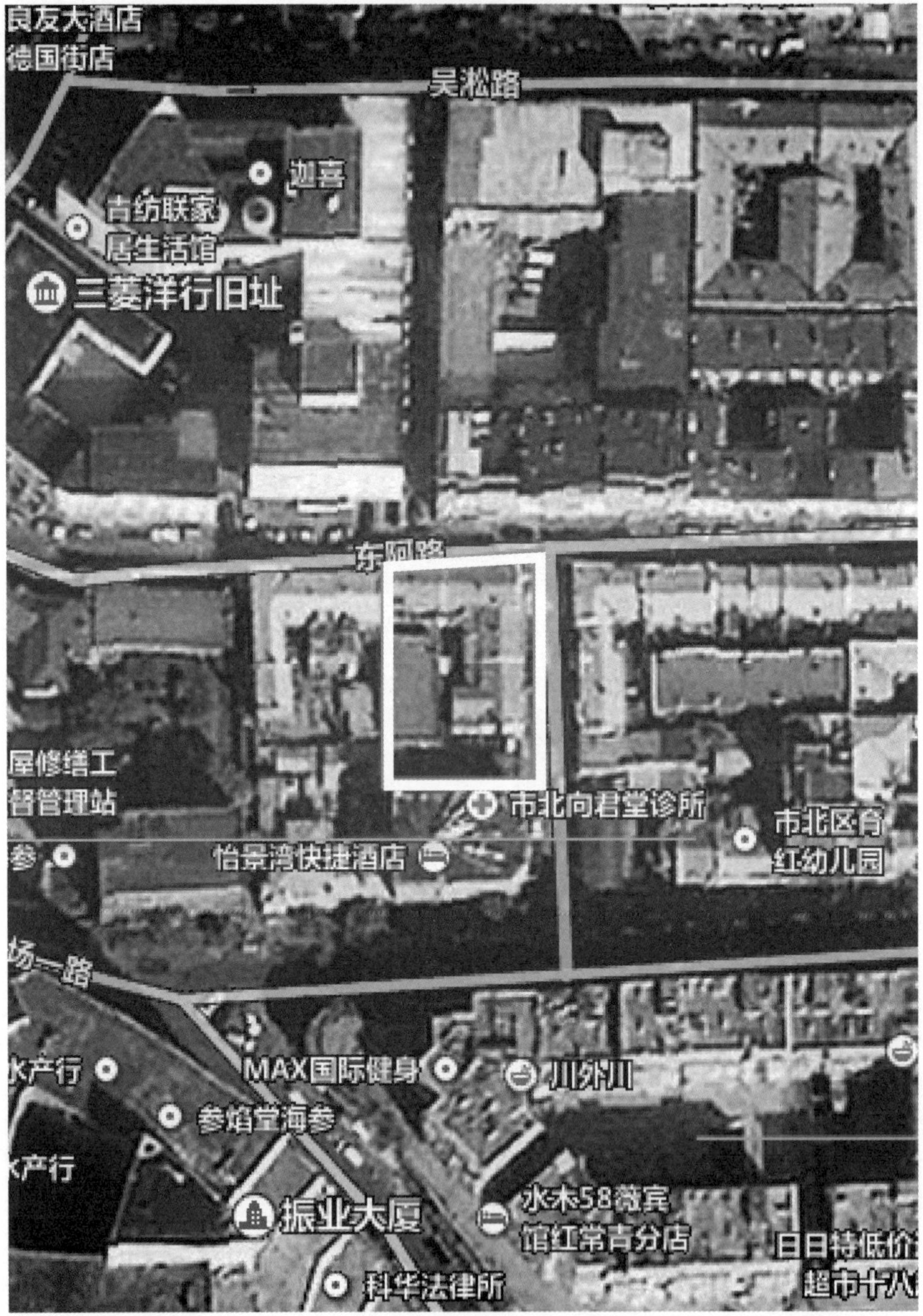

市场一路 45 号位于市场一路北侧，东阿路南侧，占地面积 700 平方米，是一个矩形的院落。立面为淡黄色，材质为涂料，内部走廊采用水泥砌筑结构，里院主体采用砖混结构。

从东阿路上自北向南看入口立面

从东阿路与市场一路的南北连接路上自东向西看

从东阿路与市场一路的南北连接路上穿过 47 号院入口自东向西看

65. 招远路 30 号

招远路 30 号位于招远路西侧，市场一路北侧，占地面积 231 平方米，是一个矩形的院落。立面为淡黄色，材质为涂料，内部走廊采用水泥砌筑结构，里院主体采用砖混结构。

从东侧二层外平台向西看

从南侧二层外平台向北下看

从南侧二层外平台西端向东看

66. 招远路 36 号

招远路 56 号位于招远路西侧，占地面积 198 平方米，是一个矩形的院落。立面为土黄色，材质为水泥抹灰，内部走廊采用木质结构，里院主体采用砖混结构。

从院中自东向西看

从院中自西向东看向入口处

从入口处自东向西看

67. 聊城路 91 号

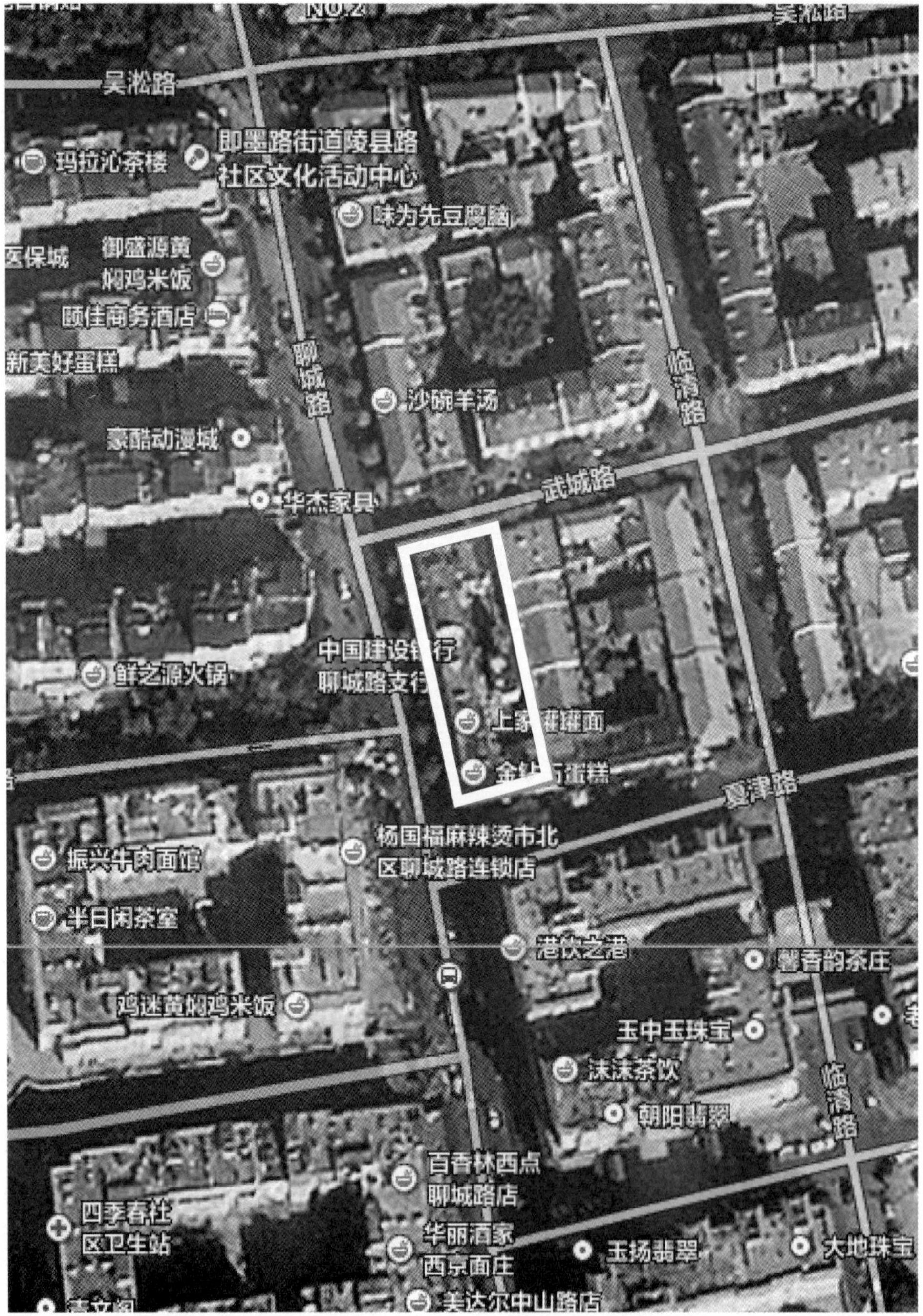

聊城路 91 号位于聊城路东侧，占地面积 585 平方米，是一个矩形的院落。立面为灰白色，材质为涂料，内部走廊采用水泥砌筑结构，里院主体采用砖混结构。

从夏津路往北进入过道，在过道中自东向西看入口

站在西四层外廊南端向东看

站在通道处自东向西看其西北角

站在中部楼梯四层平台上自南向北看

从院南侧三层外廊向北看

从二层院中部平台向北看

从院北侧三层外廊自北向南向下看

从院南侧三层外廊向北看

68. 武城路 6 号

武城路 6 号位于武城路南侧，占地面积 400 平方米，是一个矩形的院落。立面为灰白色，材质为涂料，内部走廊采用水泥与木质结构，里院主体采用砖混结构。

从院南侧二层外廊向北看

从院入口处自东北角向西南看

从院入口处自北向南看

69. 潍县路 19 号

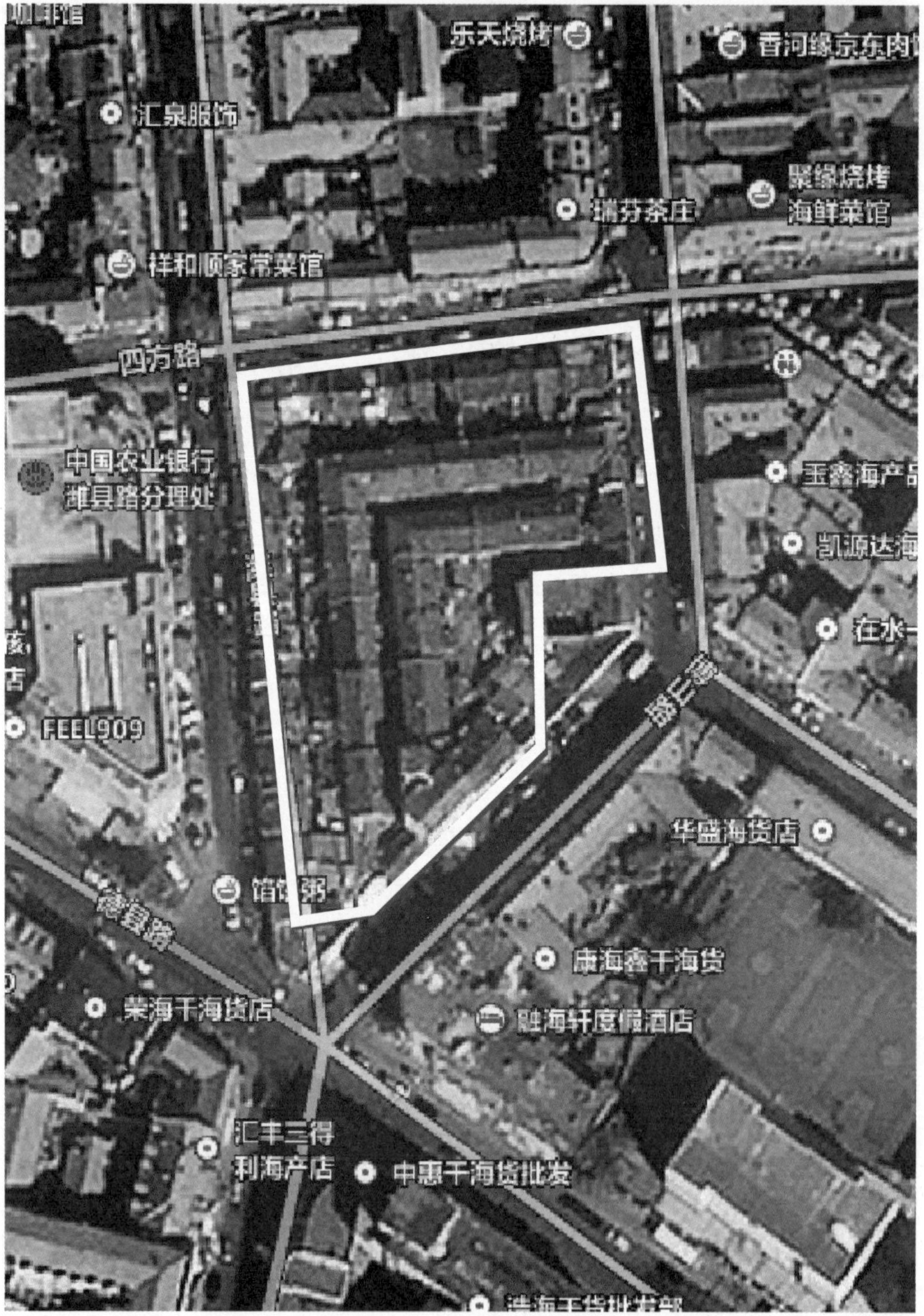

潍县路 19 号位于潍县路东侧，占地面积 2630 平方米，层高为两层，由多层院子组成。外立面为米黄色，红色瓦屋面，里院主体采用砖混结构。

站在潍县路 19 号第二进院子东北角由东北向西南看

站在潍县路 19 号西入口处由南向北看

潍县路 19 号室外台阶

站在潍县路 19 号 L 形院子拐角处二层外廊由北向南看

站在潍县路 19 号 L 形院子二层外廊拐角处

潍县路 19 号东入口

70. 潍县路 60 号

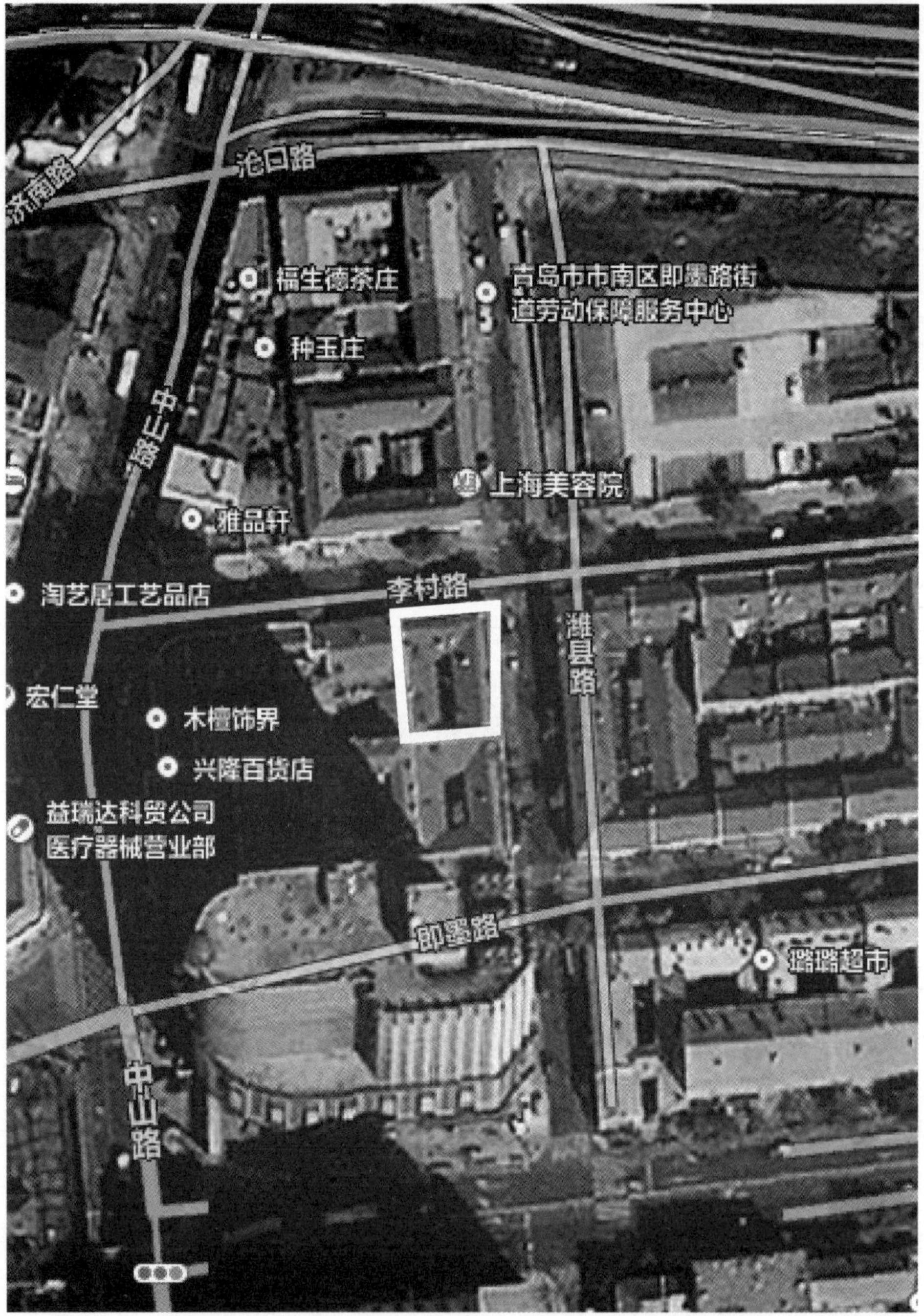

潍县路 60 号位于潍县路西侧，占地面积 300 平方米，层高为两层，是一个矩形院子。外立面为黄色，红色瓦屋面，里院主体采用砖混结构。

站在潍县路 60 号院内南侧二层外廊上由南向北看

站在潍县路 60 号院内东侧二层外廊上俯瞰楼梯

站在潍县路 60 号院内中部由南向北看楼梯

站在潍县路 60 号入口处由东向西看

站在潍县路 60 号院内北侧楼梯台阶上由北向南看

站在潍县路 60 号院内北侧由北向南看

71. 潍县路 64 号乙

潍县路 64 号乙位于潍县路西侧，占地面积 660 平方米，层高为两层，是一个矩形院子。外立面为黄色，红色瓦屋面，里院主体采用砖混结构。

站在潍县路 64 号乙院内西侧二层外廊上由西向东看

潍县路 64 号乙院内东侧加建

潍县路 64 号乙院内北侧去往二层的楼梯

72. 潍县路 72 号

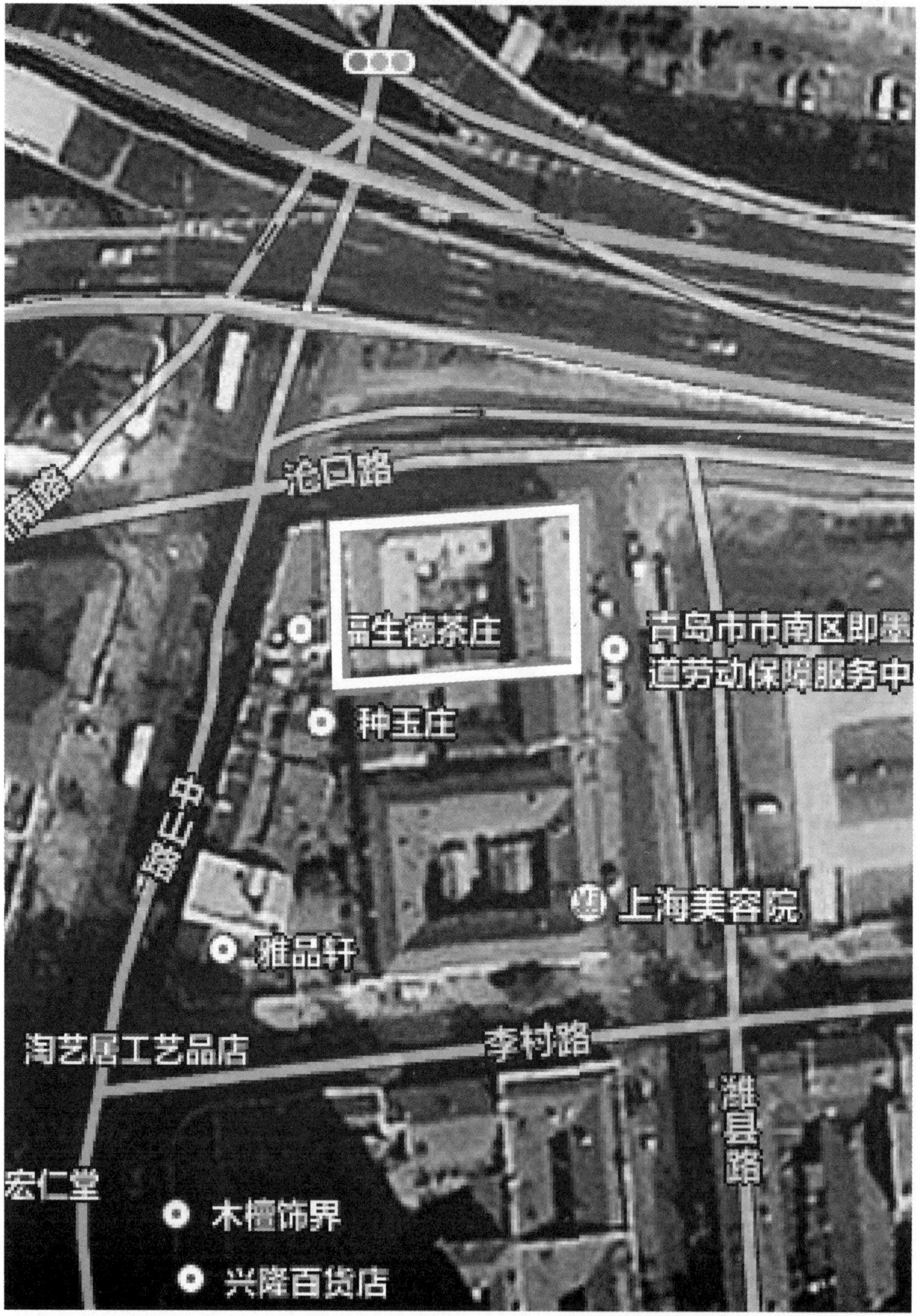

潍县路 72 号位于潍县路西侧，占地面积 600 平方米，层高为两层，是一个矩形院子。外立面为黄色，红色瓦屋面，里院主体采用砖混结构。

站在潍县路 72 号院内西侧二层外廊上由西向东看

站在潍县路 72 号院内东侧二层外廊上由东向西看

站在潍县路 72 号院内东侧由南向北看去往二层的楼梯

73. 潍县路 77 号乙

潍县路 77 号乙位于潍县路东侧，占地面积 330 平方米，层高为两层，是一个矩形院子。外立面为白色，红色瓦屋面，里院主体采用砖混结构。

站在潍县路 77 号乙院内北侧二层外廊上由北向南看

站在潍县路 77 号乙院内北侧二层外廊上由北向南看

站在潍县路 77 号乙院内南侧由南向北看院内中部楼梯

74. 李村路 14 号

李村路 14 号位于李村路南侧，占地面积 342 平方米，层高为两层，是一个矩形院子。外立面为黄色，红色瓦屋面，里院主体采用砖混结构。

站在李村路 14 号院内西侧二层外廊由西向东看

李村路 14 号院内楼梯二层休息平台

李村路 14 号院内立面

站在院内入口处由北向南看

站在李村路 14 号院内入口处由北向南看

李村路 14 号院内东南角二层局部

李村路 14 号院内三层外廊柱饰

李村路 14 号东北角二层入户门口

75. 李村路 24 号

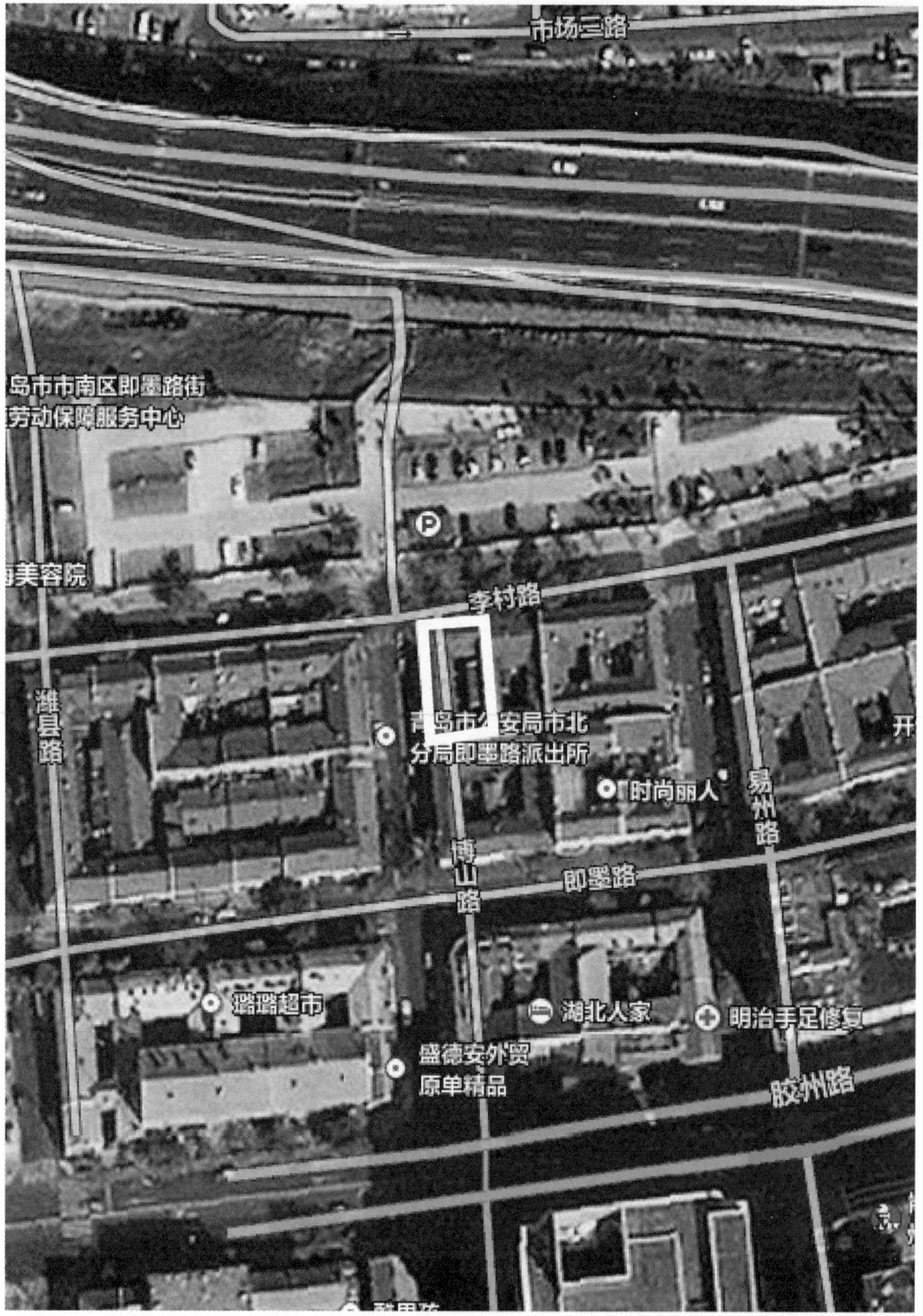

李村路 24 号位于李村路南侧，占地面积 209 平方米，层高为两层，是一个矩形院子。外立面为米黄色，红色瓦屋面，里院主体采用砖混结构。

站在李村路 24 号院内北侧由北向南看

站在李村路 24 号院内东北角二层外廊由东北向西南看

76. 李村路 32 号

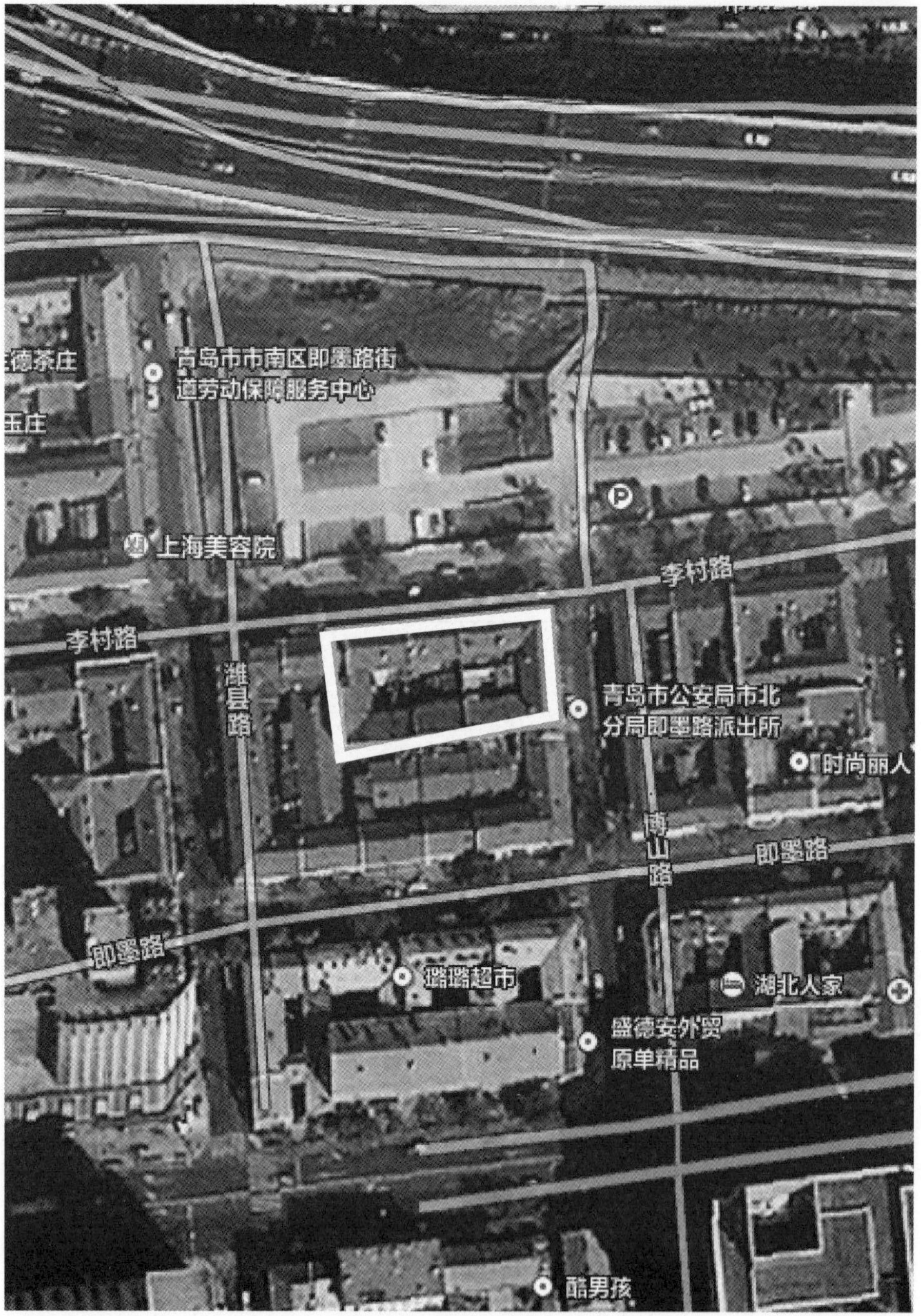

李村路 32 号位于李村路南侧，占地面积 774 平方米，层高为两层，是一个矩形院子。外立面为米黄色，红色瓦屋面，里院主体采用砖混结构。

站在李村路 32 号院内西侧二层外廊由西向东看

站在李村路 32 号院内入口处由西向东看

站在李村路 32 号院内入口处由西向东看

站在李村路 32 号院内东北侧二层外廊俯瞰院内加建

77. 李村路 38 号

李村路 38 号位于李村路南侧，潍县路西侧，占地面积 320 平方米，层高为两层，是一个矩形院子。外立面为黄色，红色瓦屋面，里院主体采用砖混结构。

站在李村路 38 号院内南侧由南向北看

站在李村路 38 号院内西侧由西向东看

站在李村路 38 号院内东侧由东向西看

78. 即墨路 5 号

即墨路 5 号位于即墨路北侧，济宁路西侧，占地面积 440 平方米，层高为两层，是一个矩形院子。外立面为黄色，红色瓦屋面，里院主体采用砖混结构。

站在即墨路 5 号北侧楼梯休息平台上由北向南看进入院子的入口

站在即墨路 5 号院内北侧二层外廊上由北向南看

临近即墨路 5 号院内北侧楼梯的加建

站在即墨路 5 号院内南侧由南向北看

即墨路 5 号院内东侧二、三层局部

79. 即墨路 13 号

即墨路 13 号位于即墨路北侧，占地面积 440 平方米，层高为三层，是一个矩形院子。外立面为白色，红色瓦屋面，里院主体采用砖混结构。

站在即墨路 13 号院内东侧由东向西看

即墨路 13 号院内东南角楼梯

即墨路 13 号院内西北角楼梯

即墨路 13 号院内西北角楼梯

即墨路 13 号院内东侧内立面

即墨路 13 号院内西侧内立面

80. 即墨路 18 号

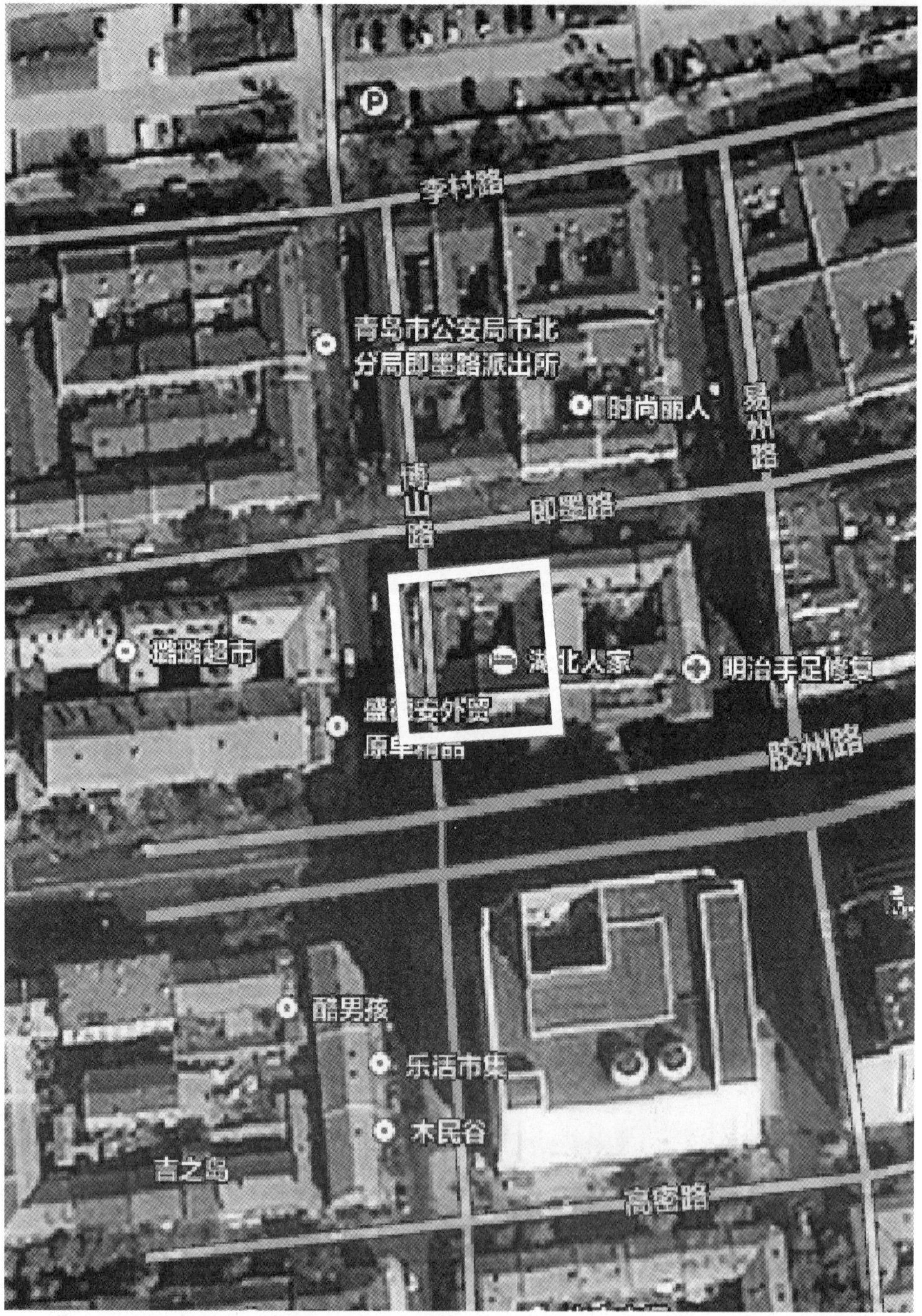

即墨路 18 号位于即墨路南侧，博山路东侧，占地面积 462 平方米，层高为两层，是一个矩形院子。外立面为米黄色，红色瓦屋面，里院主体采用砖混结构。

站在即墨路 18 号院内东侧二层外廊由东向西看

站在即墨路 18 号院内北侧二层外廊由北向南看

站在即墨路 18 号入口处由北向南看

81. 即墨路 25 号

即墨路 25 号位于即墨路北侧，占地面积 432 平方米，层高为两层，是一个矩形院子。外立面为米黄色，红色瓦屋面，里院主体采用砖混结构。

站在即墨路 18 号院内西侧由西向东看

站在即墨路 18 号院内北侧二层东南角向西北看

站在即墨路 18 号院内东侧由东向西看

站在即墨路 18 号院内北侧二层西北角向东南看

82. 即墨路 22 号、26 号 及博山路 92 号

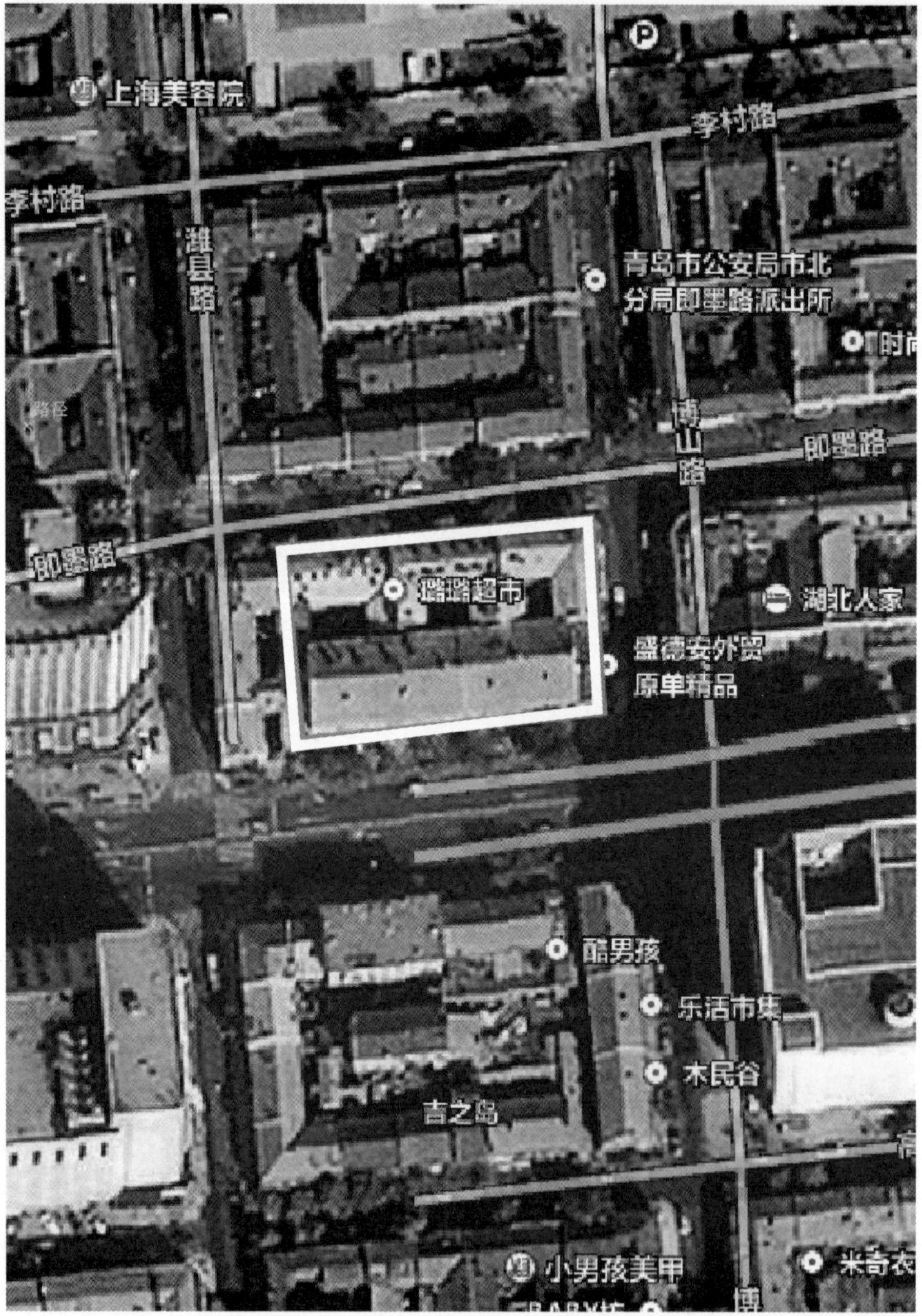

即墨路 22 号、26 号及博山路 92 号位于即墨路南侧，占地面积 1428 平方米，层高为两层，是一个三个矩形院子。外立面为白色，红色瓦屋面，里院主体采用砖混结构。

站在即墨路 26 号院内南侧二层外廊上由南向北看

站在即墨路 22 号院内北侧由北向南看

站在即墨路 92 号院内西侧二层外廊由西向东看

站在即墨路 26 号院内南侧由南向北看

站在即墨路 26 号院内西侧二层外廊上由西向东看

站在即墨路 26 号院内东侧二层外廊由东向西看

站在即墨路 26 号院内西侧由西向东看

83. 即墨路 51 号

即墨路 51 号位于即墨路南侧，潍县路西侧，占地面积 315 平方米，层高为两层，是一个矩形院子。外立面为白色，红色瓦屋面，里院主体采用砖混结构。

站在即墨路 51 号院内南侧由南向北看

站在即墨路 51 号院内北侧由北向南看室外去往二层的楼梯

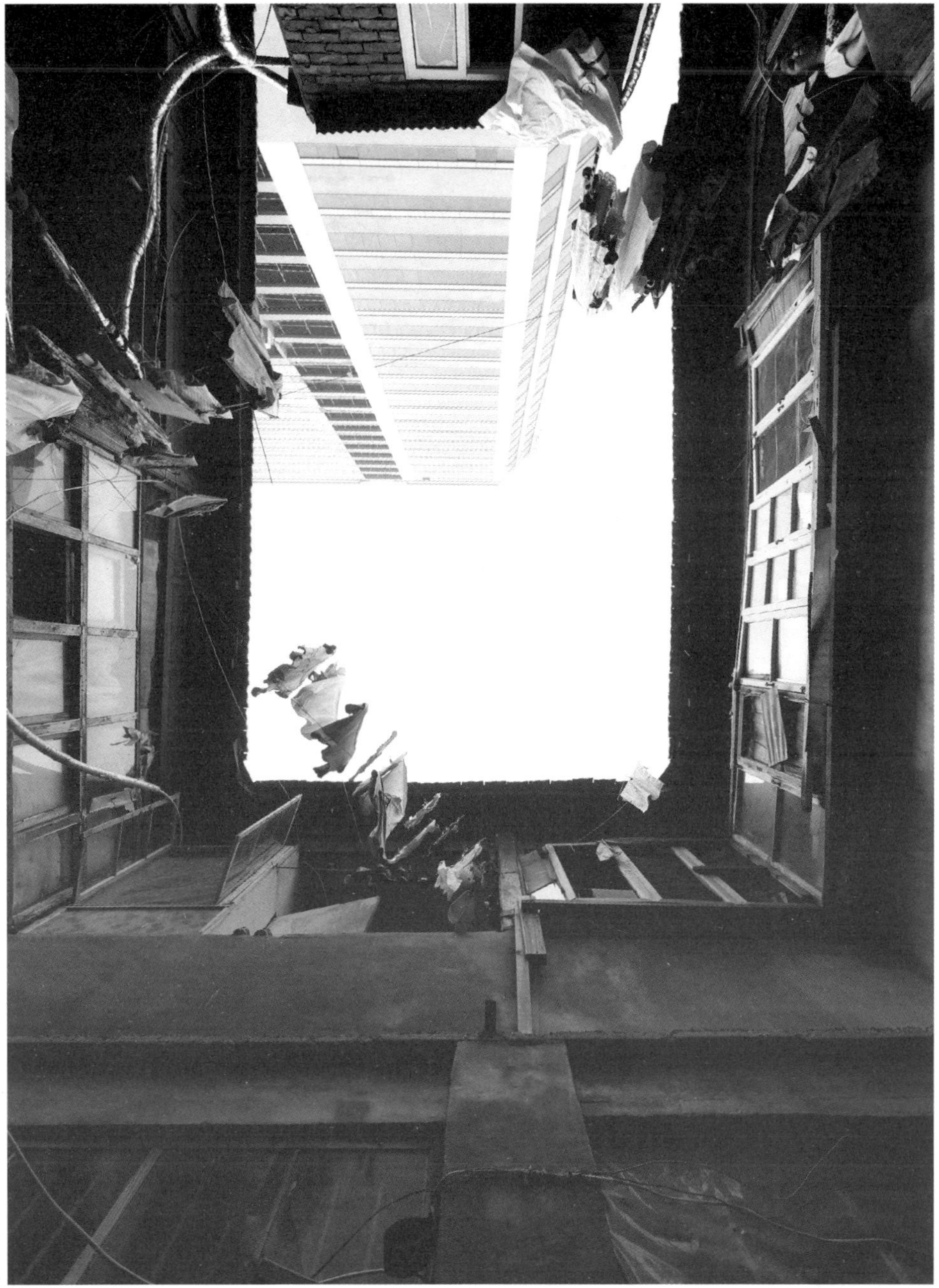

站在即墨路 51 号院内仰视

84. 即墨路 53 号

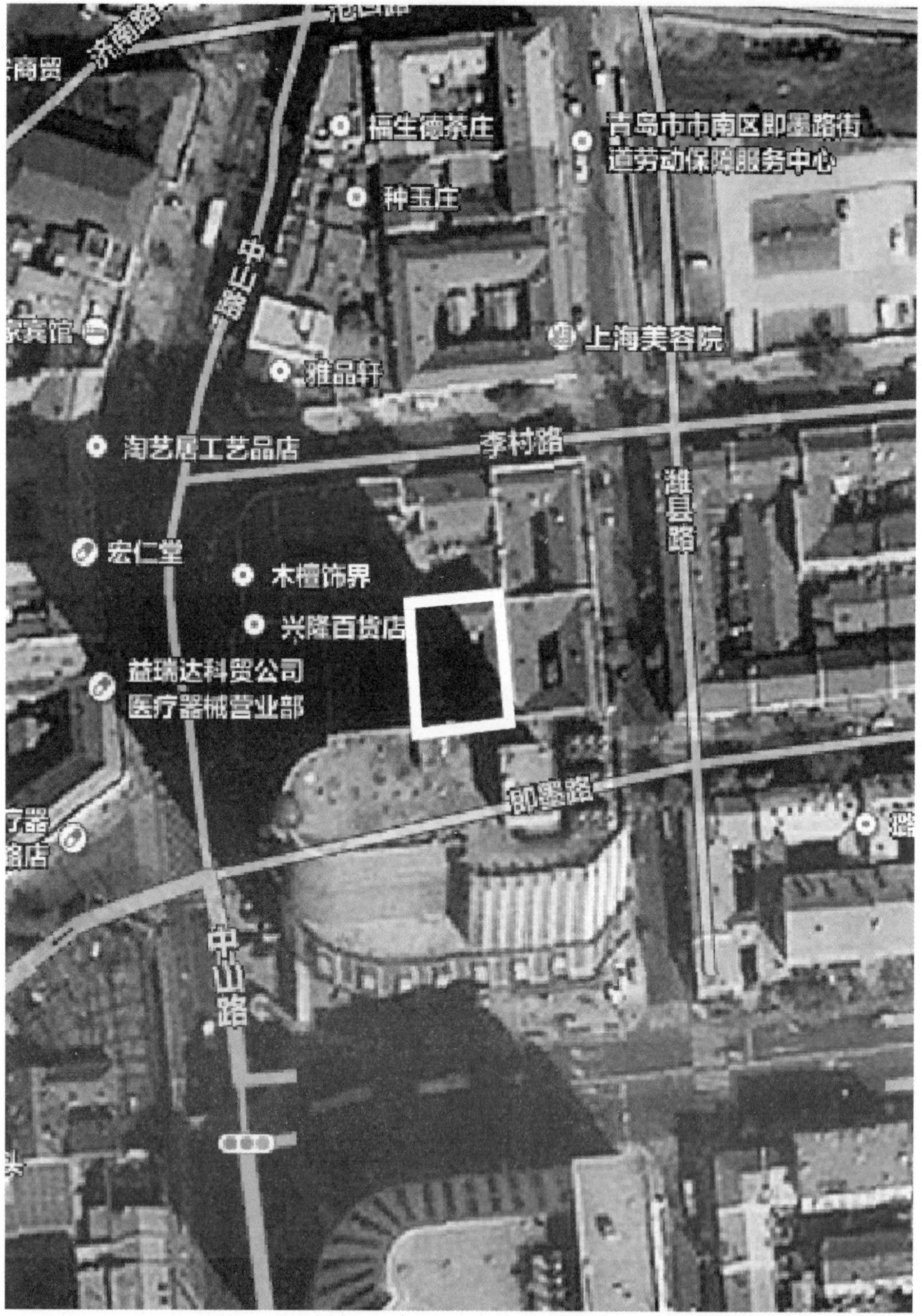

即墨路 51 号位于即墨路南侧，占地面积 315 平方米，层高为两层，是一个矩形院子。外立面为白色，红色瓦屋面，里院主体采用砖混结构。

站在即墨路 53 号院内南侧上由北向南看

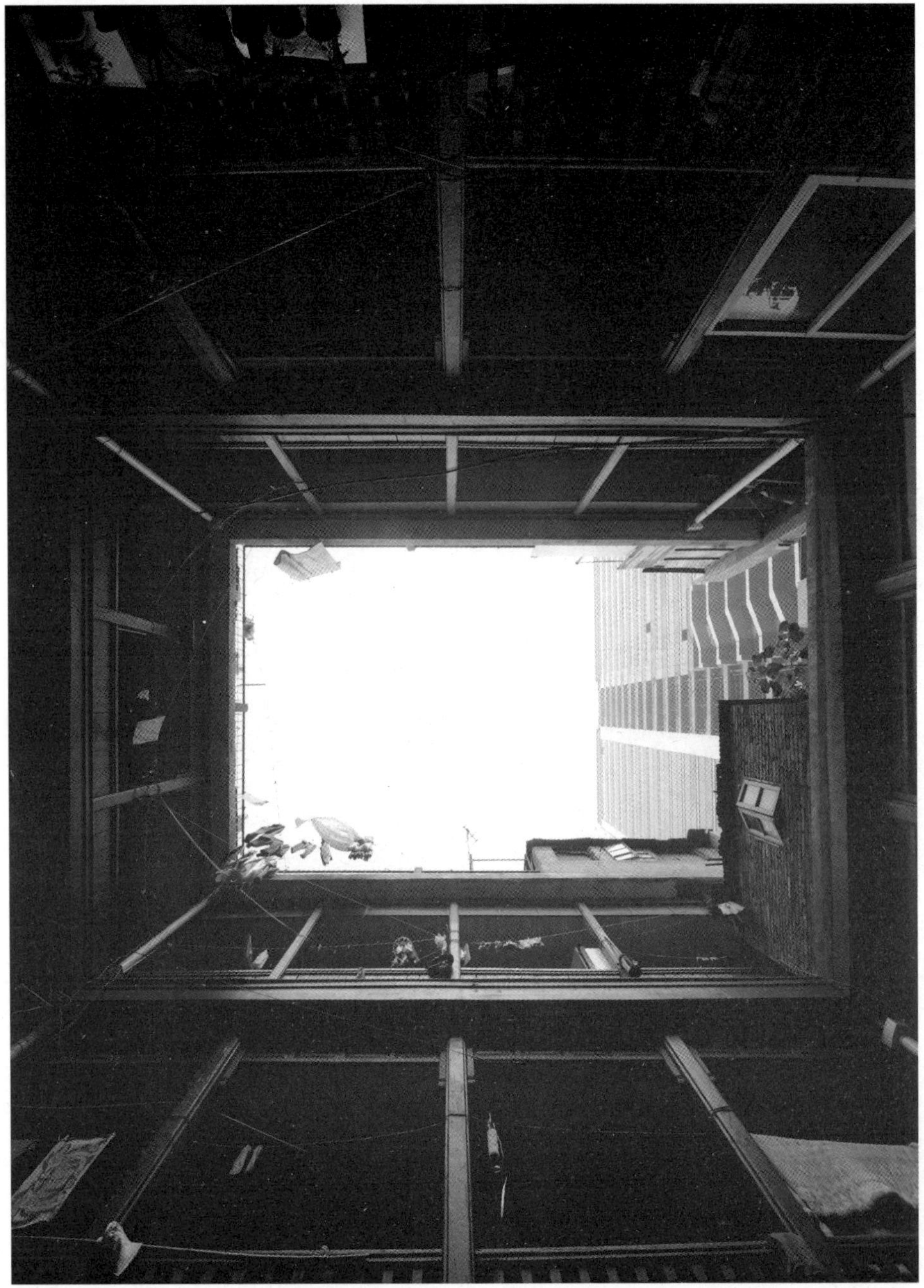

站在即墨路 53 号院内仰视

站在即墨路 53 号院内东北角楼梯

站在即墨路 53 号院内南侧三层的加建

站在即墨路 53 号院内北侧二层外廊上由南向北看

站在即墨路 53 号院内南侧二层外廊上由南向北看

85. 即墨路 57 号

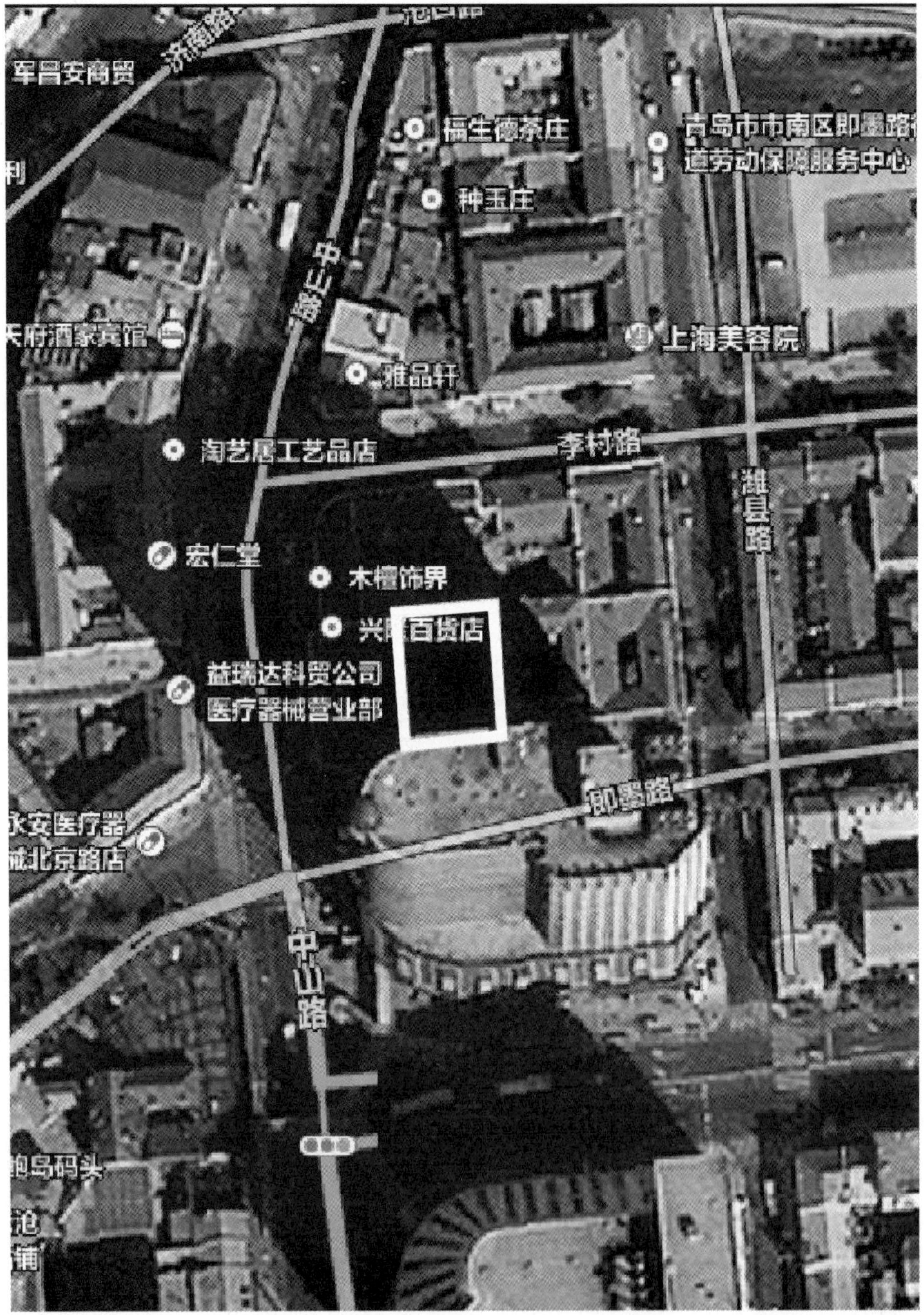

即墨路 57 号位于即墨路南侧，占地面积 352 平方米，层高为两层，是一个矩形院子。外立面为白色，红色瓦屋面，里院主体采用砖混结构。

站在即墨路 57 号院内南侧由南向北看中部室外楼梯

站在即墨路 57 号院内东侧二层外廊俯瞰院内楼梯

站在即墨路 57 号院内西北侧由北向南看

站在即墨路 57 号院内北侧由北向南看

86. 胶州路 31 号

即墨路 57 号位于即墨路南侧，胶州路北侧，占地面积 468 平方米，层高为两层，是一个矩形院子。外立面为白色，红色瓦屋面，里院主体采用砖混结构。

从院北侧二层外廊中间向南俯瞰

从院内南侧自南向北仰看

从院内西侧自西向东看

87. 胶州路 108 号

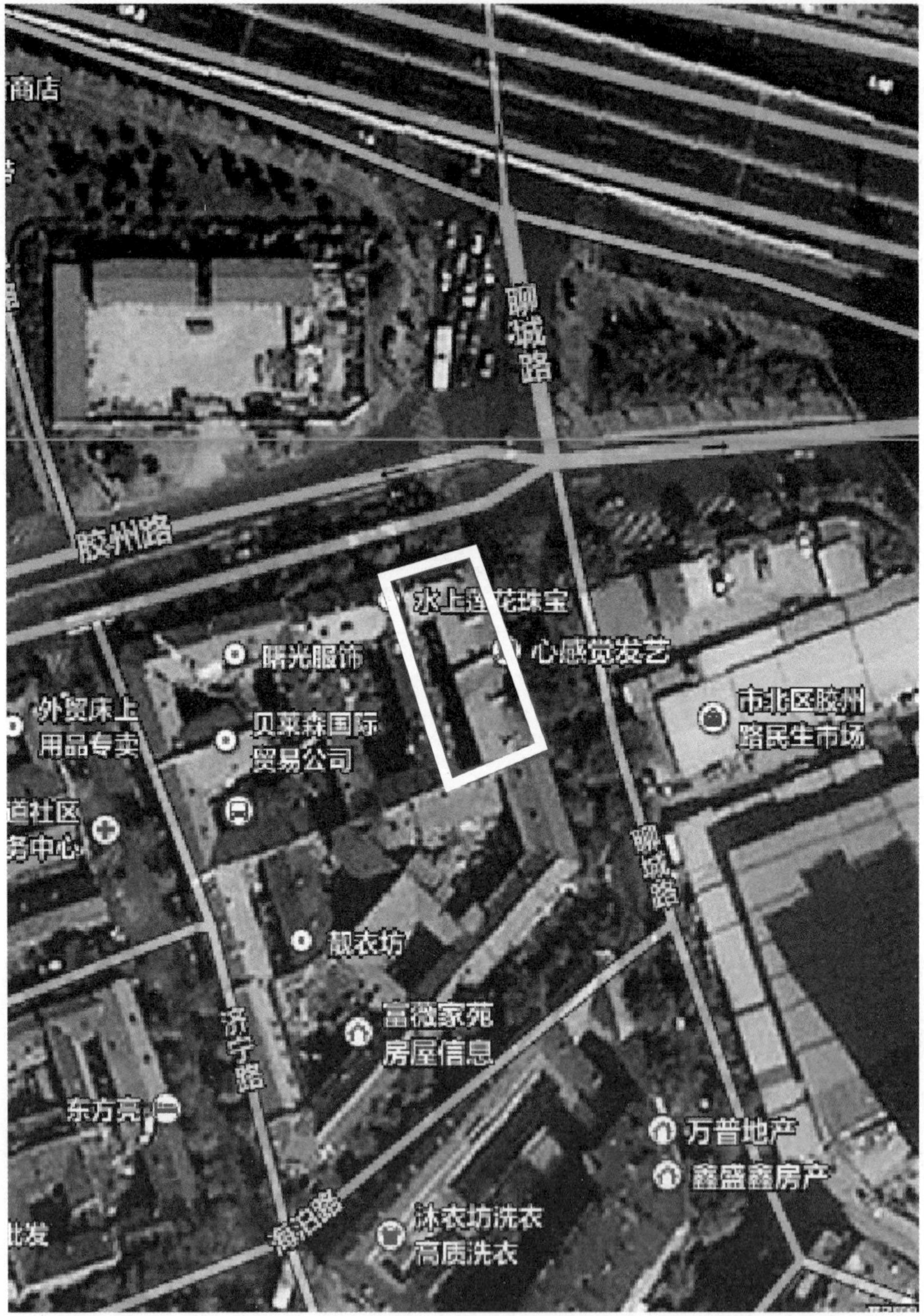

胶州路 108 号位于胶州路南侧，占地面积 560 平方米，是一个矩形的院落。立面为土黄色，材质为水泥砂浆，内部走廊采用木质结构，里院主体采用砖混结构。

从院西南角楼梯平台看向东北

从东侧二层外廊中间向西看

从东侧二层外廊北端看向西南

从院内南侧楼梯平台上从南向北看

从院内由北向南看

从西南角楼梯平台看向东侧楼梯间

图书在版编目（CIP）数据

青岛里院视觉档案.1 / ADA研究中心等编著.— 北京 ：
中国建筑工业出版社，2018.12
ISBN 978-7-112-22672-6

Ⅰ. ①青… Ⅱ. ①A… Ⅲ.①民居— 建筑艺术—青岛
—画册 Ⅳ. ①TU241.5

中国版本图书馆CIP数据核字(2018)第206376号

感谢北京建筑大学建筑设计艺术研究中心建设项目的支持

责任编辑：易 娜 刘 川
责任校对：王 烨

青岛里院视觉档案 1

ADA研究中心
现代建筑研究所 编著
世界聚落文化研究所
*
中国建筑工业出版社出版、发行（北京海淀三里河路9号）
各地新华书店、建筑书店经销
天津翔远印刷有限公司印刷
*
开本：965×1270毫米 横1/16 印张：16¾ 字数：316千字
2018年12月第一版 2018年12月第一次印刷
定价：75.00元
ISBN 978-7-112-22672-6
(32789)